湛庐CHEERS

与最聪明的人共同进化

HERE COMES EVERYBODY

丹尼尔·希利斯讲计算机

科学大师书系

[英] 丹尼尔·希利斯 著
W. Daniel Hillis
周波 张蔷蔷 译

The Pattern on The Stone

天津出版传媒集团
天津科学技术出版社

上架指导：科普 / 计算机

The pattern on the stone：the simple ideas that make computers work / W. Daniel Hillis.

天津市版权登记号：图字 02-2020-176 号

图书在版编目(CIP)数据

丹尼尔·希利斯讲计算机 / (英) 丹尼尔·希利斯 (W. Daniel Hillis) 著 ; 周波 , 张蔷蔷译 . -- 天津 : 天津科学技术出版社 , 2021.1

书名原文 : The Pattern On The Stone

ISBN 978-7-5576-8775-5

Ⅰ . ①丹… Ⅱ . ①丹… ②周… ③张… Ⅲ . ①计算机科学 Ⅳ . ① TP3

中国版本图书馆 CIP 数据核字 (2020) 第 221372 号

丹尼尔·希利斯讲计算机
DANNIER XILISI JIANG JISUANJI
责任编辑：曹　阳
责任印制：兰　毅
出　　版：天津出版传媒集团
　　　　　天津科学技术出版社
地　　址：天津市西康路 35 号
邮　　编：300051
电　　话：(022) 23332377 (编辑部)
网　　址：www.tjkjcbs.com.cn
发　　行：新华书店经销
印　　刷：北京盛通印刷股份有限公司

开本 880 × 1230　1/32　印张 7.25　字数 127 000
2021年1月第1版第1次印刷
定价：69.90元

再版前言

计算机背后不曾改变的基本原理

本书初版问世很久之后，我的出版商惊讶地发现：它在当下仍然很受欢迎。这也是我有机会为本书写再版前言的原因。本书已被翻译为十几种语言，至今仍有众多读者。自本书问世以来，计算机技术及应用发生了天翻地覆的变化。不过本书并不着眼于计算机的具体技术及应用，而是关注计算机背后不曾改变的基本原理，这也是本书能持续热卖的关键所在。

我必须承认，令我感到诧异的不是在数字革命之初就已存在的那些关于计算机科学的原理如今依然很重要，而是迄今为止，几乎没有新的原理补充进来。10 多年过去了，虽然计算机技术及应用以及编程技术都取得了巨大进步，对社会产生的影响也远远超出了预言家的预期，但计算机背后的工作原理，即本书所阐述的关于计算机的概念，仍没有改变。我本来想利用再版的机会增添一些新内容，但令我感到吃惊的是，并无新的基本原理可供补充。

在目前的版本中，我选择性地删除了一些无须再费笔墨解释的概念。不过，这并非意味着这些内容是错误的。例如，在一个每天都享受云并行计算服务的读者看来，并行计算方面的内容并无新意。真正令人费解的是，为何 20 世纪有如此多的专家都坚信，并行计算机永远不会被投入使用。此外，如今的你们可能会对本书中有关人工智能的观点有所抵触，因为目前你们与智能机器相处得十分融洽。事实上，20 世纪时许多人对智能计算机的概念感到惶恐不安，比如，当计算机第一次击败人类国际象棋冠军时，许多人感到很沮丧。然而，过了不到 20 年，当计算机在一项流行的益智电视节目中再次击败人类冠军时，更多人开始为计算机鼓劲加油。从那时起，人们普遍将计算机视为助手而非威胁。

除了修订拼写错误之外，我尽可能地保持了本书初版的原汁原味，不去刻意提高文字的感性程度，实际上，感性是一种不断变化的浮动目标。与其紧跟必将过时的当下潮流，还不如让作品定格在某一时刻更为有趣。同时，本书写成于计算机科学发展历程中的一个特殊时期，虽然那时计算机已经显示出了足以改变我们生活的潜力，但这一切很大程度上还未实现。那时的计算机非常简单，以至于我对自己设计的计算机的每个晶体管和所编写的每行代码都了如指掌。不过，正如本书最后一章预期的那样，我们现在到达了一个临界点，即计算机系统的复杂度已经超出了任何人所能完全理解和掌握的程度。

关于未来的发展，本书提出了两个可能的方向。第一个是量子计算，正如书中所述，它具有巨大的潜力，但目前并无可行的实现方式。当我写下这句话时，现实情况仍是如此。从理论和技术方面来说，量子计算取得了巨大突破，但它们中的任何一个的计算速度都比不上传统计算机。正如本书初版所述，量子计算仍是“一个值得关注的领域”。本书预测的第二个可能方向是，计算机能像生物进化过程那样实现自我设计。目前，这个方向已经显现出了隐约的曙光，不过在很大程度上，它只是一个未实现的可能方案。目前，我们还缺乏相关理论来说明这个过程如何才能成为现实。我对未来发现这些新原理持乐观态度，期待能够在本书的后续版本中继续讨论。

目 录

扫码下载“湛庐阅读”App，
搜索“丹尼尔·希利斯讲计算机”，
获取本书趣味测试及答案。

前 言

石头中的魔术

在一块石头上，我蚀刻了一系列几何图案，在外行看来，这些图案显得神秘而又复杂，但我清楚地知道，只要布局正确，这些图案就会赋予这块石头一种特殊的能力，即对人类从未说过的一种咒语做出回应。如果我用这种语言提问，石头便会应答：这是一个我用符咒创造的世界，一个在石头图案中想象的世界。

如果我在几百年前的老家新英格兰说出自己从事的职业，可能会被当作巫师送上火刑柱。实际上，我的工作和巫术没有任何关系，我从事的是计算机设计和编程，而上文提到的石头是硅晶片，符咒是软件程序。虽然蚀刻在芯片上的几何图案和指示计算机工作的程序看起来复杂且神秘，但根据一些基本的生成原理，我们很容易将其解释清楚。

虽然计算机是人类有史以来最复杂的人造物，但从基本原理上来说，它们又十分简单，仅有数十人的团队就能设计并制造出包含数十亿个零部件的各类计算机。如果将其中一台计算机的线路图在纸上画出来，那么所用的纸张便能塞满一座大型公共图书馆，没有人会有耐心将其浏览一遍。幸运的是，计算机的设计具有规律性，没有必要将线路图看一遍。计算机是由不同层次的部件构建起来的，而每一层次的部件都会被重复多次。只要理解了这些层次结构，你就能读懂计算机。

还有一个使计算机易于理解的原理，那就是其各部件之间交互作用的本质。这些交互作用很简单，而且定义明确，通常具有单向性，可以准确地排列成一系列因果关系，这使计算机内部的运行原理比汽车发动机或者收音机的运行原理更容易理解。虽然相比于汽车和收音机，计算机拥有更多零部件，但这些部件协同工作的方式非常简单。计算机更多依据的是概念，而非技术。

这些概念与组成计算机的电子元件没有任何关系。现代计算机由晶体管和电路组成，不过，根据同样的原理，计算机也可以由阀门和管道，或者棍棒和绳索搭建起来。这些原理是计算机能够进行计算的根本所在。计算机最引人称道的一点是，其本质远胜于技术，而本书就旨在介绍计算机的本质。

我多么希望在刚开始学习计算机这门学科时就能读到这样一本书。大多数计算机类书籍不是介绍计算机的使用方法，便是介绍具体的创造技术，比如只读存储器（ROM）、随机存储器（RAM）、磁盘驱动器等。这本书讨论的重点是“概念”，而且会介绍计算机科学领域的大多数重要概念，包括布尔逻辑、有限状态机、编程语言、编译程序和解释程序、图灵准则、信息论、算法及其复杂度、启发式方法、不可计算的函数、并行计算、量子计算、神经网络、机器学习和自组织系统等。对计算机感兴趣的读者可能已经听说过其中的许多概念，但对于非计算机专业出身的人来说，很难明白这些概念是如何结合在一起的。本书将会介绍这些关联——从类似开关的闭合等简单的物理过程开始，一直深入到自组织并行计算机所呈现出来的学习和自适应能力。

计算机的本质基于几条基本原则。第一条原则是功能抽象原理（functional abstraction），它奠定了前文提到的因果关系层次结构。计算机的结构就是这一原理的应用范例，即许多层次结构能够被不断重复。计算机之所以易于理解，是因为你可以专注于某一层次结构发生的情况，而不必担心较低层次结构上发生的细节。功能抽象原理是使概念与技术脱离的关键。

第二条原则是通用计算机原理（universal computer），即所有的计算机都属于同一种类型，更确切地说，所有类型的计算机在能做和不能做哪些事上是相似的。我们也可以这样说，一台通用计算机能够模拟所有类型的计算机，无论其组成材料是晶体管、棍棒、绳索，还是神经元。这是一个非常重要的假设，它表明，制造一台能像大脑一样思考的计算机只是一个进行正确编程的问题，我将在后面详细解释这一点。

从某种意义上来说，第三条原则是第一条原则的对立面，我将在最后一章展开详述。也许存在一种全新的计算机设计和编程方式，它并不基于标准的工程设计方式。这一设想令人感到无比兴奋，因为当系统过于复杂时，常规的系统设计方式将不再有效。实际上，第一条原则会导致系统带有一定程度的脆弱性和低效性。这个缺点与信息处理器的基础性缺陷没有关系，而是层次设计方式的一个缺陷。那么，如果我们采用一种与生物进化相似的设计过程，情况会如何呢？在这个设计过程中，系统行为源自很多简单交互作用的累积，而非“自上而下”的控制。通过这种进化过程设计出来的计算机可能具有生物体的某些健壮性和适应性。至少，这是一种希望。我们还未完全参透这一设计方式，它也可能会被证明行不通。这是目前我研究的一个课题。

为了全面了解计算机的本质，我们需要先掌握一些基本知识，再研究深层次的内容。本书前两章将介绍以下基本内容：布尔逻辑、二进制和有限状态机。在读完第 3 章时，你便能自上而下地理解计算机的工作原理。这也为理解第 4 章的内容奠定了基础，第 4 章将介绍有关通用计算机的有趣概念。

哲学家格雷戈里・贝特森（Gregory Bateson）曾将信息定义为“非同小可的差异”。换句话说，信息存在于我们选择用来表示意义的差异之中。例如，在原始的电子计算器中，信息是以电流流通与否造成的灯的开启和关闭来表示的，而信号的电压和电流方向则无关紧要。这其中起关键作用的是一根能够传输两种可能的信号的线路，其中一种信号是让灯亮起。在这里，产生关键作用的差异之处，也就是贝特森所说的“非同小可的差异”，就是电流的流通与否。贝特森给出的定义很明确，这个定义于我而言有着更为丰富的含义。在短短几十年间，世界发生了翻天覆地的变化。信息技术的发展引发或者促成了我们在商业、政治、科学和哲学领域所目睹的许多变革。当今世界，许多事情已异于往昔，而这一非同小可的变化皆源自计算机。

人们普遍认为，计算机是一种能够融合文本、图像、动画、声音等所有已有形式的多媒体设备。然而我认为，这一观点低估了计算机的潜力。计算机当然能够综合处理各种形式的媒体，但其真正的威力是它不仅能处理概念的表示形式，而且能处理概念本身。计算机最令我震惊的地方不在于它能够储存图书馆中所有书籍的内容，而在于它能够识别并总结出书中所述的各种概念之间的关系；不在于它能展示出飞鸟或者星系自旋的图像，而在于它能猜想并预测出创造了这些奇迹的物理定律将会产生的结果。计算机不只是一台先进的计算器，或一架高级的照相机，或一支具有神奇功能的画笔，它更是一种能够加速和扩展思维过程的工具。计算机是一架富有想象力的机器，它从我们输入的概念演变为人类从未抵达的情境。

THE PATTERN ON THE STONE

01 基础知识

计算机的构建基础包括布尔逻辑、二进制、逻辑块等。如果有一天计算机的硬件设备被淘汰，这些基础都将依然保持正确。

小时候，我读过这样一个故事，一个男孩用从垃圾场收集的零件组装出了一个机器人，这个机器人可以像人一样走路、说话和思考，并成为男孩的朋友。不知何故，我被制造机器人的想法深深地吸引了，因此决定也动手组装一个。我对当时收集各部位零件的情景还记忆犹新：用管子作四肢，马达作肌肉，灯泡作眼睛，油漆桶作脑袋。我满怀希望地期待当自己完成组装、插上电源之后，就能拥有一个正常运作的机器人。

在经历了几次严重的触电事故后，我的机器人终于可以移动和发光了，而且还会发出“嗡嗡”的声音。我感觉自己有所长进，而且我还懂得了如何为四肢制造活动关节。不过，当时我面临的最大问题是，该如何控制那些马达和灯泡。后来，我意识到自己是对机器人的工作原理缺乏了解，而现在，我知道当时缺乏的知识是什么了——计算，当时我称之为“思维”，我毫不知晓如何才能让某个物体具备思维能力。现在，我清楚地知道，计算才是制造机器人最难的部分，而当时还是小孩的我很难意识到这一点。

布尔逻辑

幸运的是，我读的第一本有关计算机的书是一本经典之作。我的父亲是一位流行病学家，那时我们居住在加尔各答，很难读到英文著作。在英国领事馆的图书室里，我找到了一本表面布满灰尘的书，作者是 19 世纪的逻辑学家乔治·布尔（George Boole），书名为《思维规律的研究》（*An Investigation of the Laws of Thought*）。这个书名立刻吸引了我，令我心驰神往，难道真的存在支配思维的法则吗？在这本书中，布尔试图将人类的思维逻辑简化为数学运算。他虽然没有真正解释清楚人类的思维过程，但道出了简单的逻辑运算的惊人力量和普适性。他还发明了一种语言，可以用来描述和处理逻辑陈述，以及判定这些陈述的真假。这种语言现在被称为布尔代数（Boolean algebra）。

布尔代数与我们在高中所学的代数相似，差别仅在于等式中的变量所代表的东西从数字变成了逻辑命题。布尔变量代表非真即假的命题，符号 ∧、∨、¬ 分别代表

“与”“或”“非”逻辑运算。例如下列的布尔代数方程：

$$\neg (A \vee B) = (\neg A) \wedge (\neg B)$$

这个方程被称为德·摩根定律，是以布尔的同事奥古斯都·德·摩根（Augustus De Morgan）的名字命名的，其含义为：如果 A 和 B 无一为真，则两者皆必然为假。变量 A 和 B 可以表示任意非真即假的逻辑命题。显然，这个方程是成立的。不过，布尔代数还能写出更加复杂的逻辑命题，并能进行证明和反证。

麻省理工学院曾有一位年轻的工程学硕士，他通过一篇论文将布尔的理论引入了计算机科学领域，使其大放异彩，这位学生名叫克劳德·香农（Claude Shannon）。香农最广为人知的成就是创立了信息论，信息论是数学的一个分支，这门分支定义了我们称为“二进制位”（又叫比特）的信息度量单位。二进制位概念的提出是一项了不起的成就。对于计算科学来说，香农利用布尔逻辑所做的工作也同样重要。香农的这两项成就为之后 50 年计算机科学的发展奠定了基础。

香农曾致力于创造一台会下国际象棋的机器，更确切地说是一台能模拟人类思维的机器。1940 年，他在硕士论文《继电器与开关电路的符号分析》(*A Symbolic Analysis of Relay Switching Circuits*)中表明，构建一个与布尔代数方程完全等价的电路是可能的。在香农设计的电路中，开关的开启和关闭对应着布尔代数逻辑变量值的真与假。香农提出了一种方法，可以将布尔代数方程转化为开关组合。当命题为真时，电路建立连接，当命题为假时，电路则断开连接。这种方法意味着，任何能由布尔逻辑命题精确描述的功能都可用类似的开关系统来实现。

与其详述布尔和香农建立的理论框架，我们不如举例来说明其理论在实际中的应用，以我设计的一台井字游戏机为例。虽然相比于通用的计算机，这个游戏机非常简单，但它体现了对所有计算机来说都非常重要的两大原理：如何将一项任务转化为一系列逻辑函数，以及如何用由开关连接起来的电路实现这些函数。当我读完布尔的书之后，就用灯泡和开关搭建了一个井字游戏机，这是我对计算机逻辑的初次涉猎。后来，我去了麻省理工学院读本科，香农成了我的良师益友。我惊奇地发现，他也曾用灯泡和开关搭建过井字游戏机。

大多数读者都知道，井字游戏在一个 3×3 的方格棋盘中进行。游戏双方轮流在方格中标注符号，如果一位玩家使用符号“X”，另一位则使用符号“O”，而率先使三个符号连成一行（水平、垂直或者对角）的玩家即可获胜。小孩子之所以喜欢玩井字游戏，是因为这个游戏似乎有无数种获胜的方法。不过，他们最终都会意识到，能赢得棋局的模式只有为数不多的几种，此时这个游戏对他们来说就会变得索然无味。一旦玩家双方都掌握了游戏套路，每场游戏都将以平局结束。井字游戏很好地说明了计算的本质，其难度介于复杂和简单之间。计算就是跨过复杂和简单之间的分界线，去完成复杂的任务，实现方法就是通过将看似复杂的任务（如赢得井字游戏）分解为简单的操作（如关闭开关）。

在井字游戏中，可能会出现的棋局模式并不多，完全可以将它们都列举出来，再将每种棋局的正确走法输入游戏机中。我们可以通过两个简单的步骤来设计这个游戏机：首先，将游戏转化为所有可能的棋局，每种棋局都根据具体的模式制定出正确的走法；然后，将每种走法转化为由开关连接的电路，使其能识别出棋局模式，并做出正确的反应。

还有一种方法是，列举出由符号“X”和“O”在方格棋盘中组成的所有可能的棋局模式，再确定计算机在每种情况下的走法。在 3×3 的方格棋盘中，每一格都有 3 种可能的状态（X、O 和空白），因此共有 3^9（或 19 683）种不同的棋局。不过，在玩游戏的过程中，大多数棋局是永远不会出现的。利用博弈树（game tree）的方法，我们可以更好地列举出各种可能性，这种方法足以描绘出所有可能发生的棋局路线图。博弈树从一个空白的根节点开始，下面的每条分支代表一种可能的游戏进程，游戏进程由人类玩家的下棋步骤决定。当轮到机器下棋时，博弈树并不会分叉，因为机器的走法都是预先设定好的。图 1-1 展示了博弈树的一部分。无论人类玩家在哪个方格中标出“X”，机器都会按事先设定好的走法标上“O”。说来也怪，计算机科学家经常将博弈树倒置，即将根节点画在顶部。

这棵博弈树反映了我在井字游戏中经常采用的一种策略——尽可能占据方格棋盘上的中心格。人类玩家的下棋步骤决定了机器的下棋步骤，这大大减少了需要考虑的可能情况。一棵显示机器在各种情况下走法的完整博弈树大约有 500～600 个分支，确切的分支数量取决于所采取的下棋策略。如果机器按照博弈树指定的策略下棋，那么它每盘游戏都可以获胜，或者至少下成平局。由于游戏规则已经被编入了机器的走法之中，因此只要机器按照博弈树的步骤下棋，就不会违反游戏规则。依据博弈树，我们可以写出机器在所有棋局下的标准走法，这些标准走法便构成了机器的布尔逻辑。

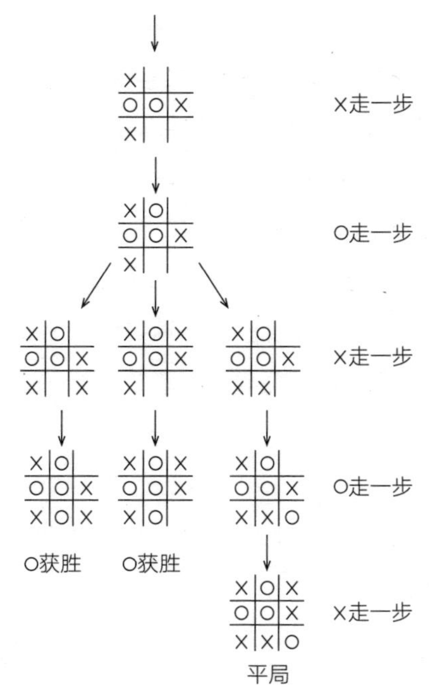

图 1-1　井字游戏博弈树的局部图

一旦我们定义了想实现的机器行为，就可以将这种行为转化为由电池、电线、开关和灯泡组成的电路。机器的基本电路与手电筒的电路原理并无不同：当按下开关，即闭合电路时，灯泡会亮起，因为此时灯泡和电池之间形成了一条完整的通路（电池的两极分别用符号“+”和“-”来表示）。更为重要的是，这些开关可以通过串联或者并联的方式相连。例如，我们可以将两个开关串联在一起，在这种情况下，只有当两个开关都闭合时，灯泡才会亮起。通过这种电路，我便可实现计算机的一种基本的开关功能——“与”功能，之所以这样称呼它，是因为只有当第一个开关“与”和第二个开关“与”同时闭合时，灯泡才会亮起；同理可得，如果开关采用并联的方式，则可以实现“或”功能，即当其中一个“或”两个开关闭合时，电路就会连通，灯泡会亮起来（见图 1-2）。

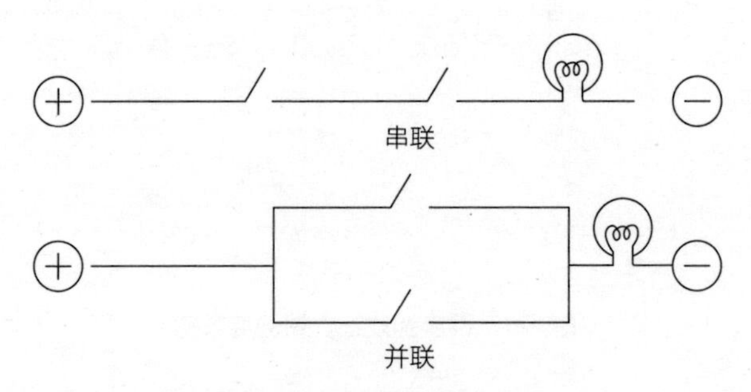

图 1-2 串联开关和并联开关

将简单的串联电路和并联电路组合起来，便可以实现各种具有不同逻辑规则的连接。在井字游戏机中，一个串联的开关可用于识别一种棋局模式，而不同的串联开关可以通过并联的方式与灯泡相连，所以当几组串联开关通过并联的方式连接后，这些串联开关所代表的棋局模式就会点亮同一盏灯泡，也就是说，机器在这些情况下会采用相同的走法。

我设计的井字游戏机有 4 组开关，每组分别有 9 个开关，每个开关对应九方格棋盘上的一格。同时，游戏机中的 9 个灯泡按照井字棋盘那样排列。游戏设定由机器先走，且每走一步就点亮与之对应的灯泡。人类玩家每走一步就合上一个开关，走第一步棋使用第一个开关组，走第二步棋使用第二个开关组，依此类推。在我设计的这款游戏机中，机器总是先从棋盘左上角开始走第一步棋，这种开局方式可以大大减少所需考虑的可能情况。人类玩家接着可以合上第一组开关中的某个开关，比如合上对应棋盘中心格的开关，作为第一步棋，这样游戏就能持续进行下去了。这些开关和灯泡组成的电路构成了机器的游戏策略。

使机器对第一步棋做出反应的线路十分简单（见图 1-3）。

将第一组开关中的每个开关都连接至对应的灯泡，灯泡代表的就是机器需要走的那一步棋。例如，如果人类玩家第一步棋走在棋盘中心格，机器就会走右下格，那么中心格的开关就要连接至右下角的灯泡。由于我设计的机器一有可能便以走中心格作为首选，因此第一组开关中的大多数开关都会与棋盘中心格的灯泡并联。

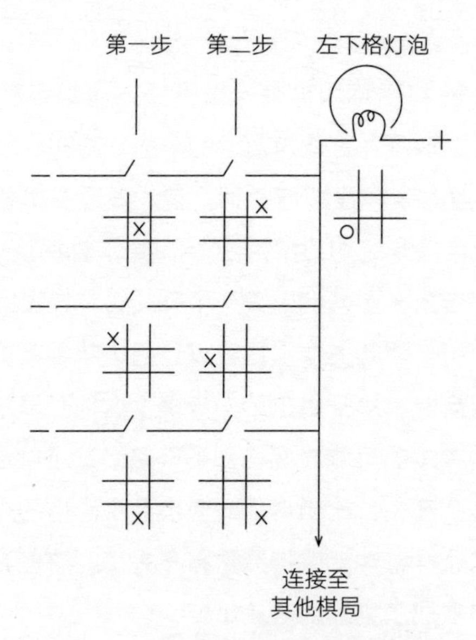

图 1-3　产生同一反应的不同棋局模式

机器第二轮的走法取决于人类玩家走的第一步和第二步。为了识别出人类玩家的多轮下棋步骤，相应的开关采取串联的方式。例如，如果人类玩家的第一步棋走中心格，第二步棋走右上格，那么机器就会走左下格。这种棋局模式可以通过这种方法实现：将第一组开关中代表中心格的开关与第二组开关中代表右上格的开关串联（这表示“如果中心格和右上格都由人类玩家标上了符号，那么应该……”），再将这两个开关的开关链与代表左下格的灯泡相连。每组与灯泡相连且互为并行关系的开关链分别表示能使灯亮起来的不同下棋步骤，即“如果人类玩家的走法属于这些步骤中的任何一种，机器都会采取同样的应对方式”。如果两条不同的电路需要使用同一个开关，我便会安装一个“双闸开关”，即以机械的方式连接至同一按钮的两个开关，使它们能实现同步切换，这样便可以将同一步棋纳入两个不同的棋局模式之中。第三组和第四组开关的连接方式遵循同样的原则，但它们形成的下棋步骤更多。你可能会想到，虽然原理很简单，但线路会变得越来越复杂，棋盘中可供选择的方格会越来越少，但开关链条会越变越长。

我设计的井字游戏机大约有 150 个开关，它们由木头和钉子制成，对于当时的我来说这是一组很庞大的数字。

然而现在，我设计的计算机芯片中的开关数目高达数百万个，大多数开关的连接模式与井字游戏机中的模式非常相似。虽然大多数现代计算机都采用了一种不同类型的电子开关——晶体管，但基本的设计理念是一样的：用串联开关实现逻辑“与”的功能，用并联开关实现逻辑“或”的功能。

虽然从逻辑上来说，井字游戏机与通用计算机具有相似性，但两者也存在一些重要区别。第一个区别是，井字游戏机对按时间顺序发生的事件毫无概念。因此，我们必须事先设定好游戏中所有事件的发生顺序，即先设定好整个博弈树。对于井字棋而言，设计博弈树的工作已经很复杂了，更不用说更为复杂的游戏了，比如国际象棋、跳棋等，这种方法几乎是行不通的。现代计算机非常善于玩跳棋，也善于玩国际象棋（见第 5 章），这是因为它们放弃了预先设定博弈树的方法，而是采取了一种按时间顺序依次识别棋局模式的方法。

井字游戏机与通用计算机的第二个重要区别是，前者只能执行单一的任务，其“程序”完全内置于线路中。换句话说，井字游戏机中没有任何软件。

二进制位和逻辑块

正如我在前言中提到的，构建井字游戏机或者任何其他类型的计算机并非一定要使用电子开关。计算机可以使用电流、液压或者化学反应来表示信息。无论你采用晶体管、液压阀，还是化学装置来构建计算机，其背后的工作原理大致相同。井字游戏机的关键逻辑是：通过串联的两个开关来实现逻辑“与”的功能，通过并联的两个开关来实现逻辑“或”的功能。当然，实现这两种功能的方法还有很多。

关于计算机工作原理的介绍，我们需暂停一下，先来了解一下二进制位的概念。最小的“非同小可的差异”（借用贝特森的说法）将所有信号分成截然不同的两类。在井字游戏机中，这两类信号分别是“电流流通”和“电流不通”。按照惯例，我们将这两类信号分别称为 1 和 0。1 和 0 只是形式上的名称，我们也可以称其为真和假，或者爱丽丝和鲍勃。至于命名哪种类型的信号为 1、哪种类型的信号为 0，则是任意的。如果一个信号携带两种信息之一（比如 1 或 0），我们称其为二进制信号或者一个二进制位。计算机采用若干个二进制位的组合来表示各种可选方案，比如井字游戏中不同的走法，或者显示屏上的不同颜色。按照惯例，二进制位用 1 和 0 来表示，人们常将二进制位组视为数字，因此才有这样的打趣，“计算机利用数字完成所有的工作”。然而，这个惯例只是思考问题的一种方式而已，如果我们将二进制位传递的两种信息命名为字母 X 和 Y，那么人们也许会说“计算机利用字母完成所有的工作”。因此，更准确的说法应该是：“计算机利用二进制位组表示数字、字母以及所有的一切。”

除了电流外，我们也可以采取机械运动的方式来表示二进制位。图 1-4 说明了如何借助这种方法实现“或”功能——滑杆向右移动表示输入 1。当输入杆 A 和 B 都保持在左侧时，表示两个输入都为 0，这时输出杆由于受到弹簧向左的推力而保持原位不动；当任何一个输入杆向右移动时，输出杆就会因受力而移至右侧。图 1-5 中的装置实现了另一种逻辑功能，即“非”功能。这种装置可以将所有输入的信号转换成与之相反的信号，例如，它能将左边的输入杆转换成右边的输出杆，反之亦然。

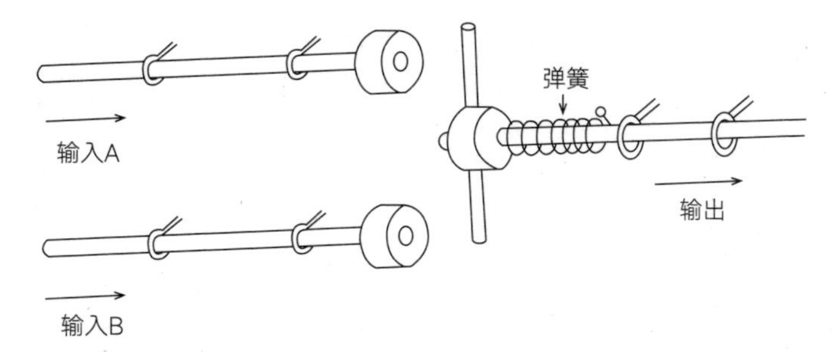

图 1-4 运用机械方式实现“或”功能

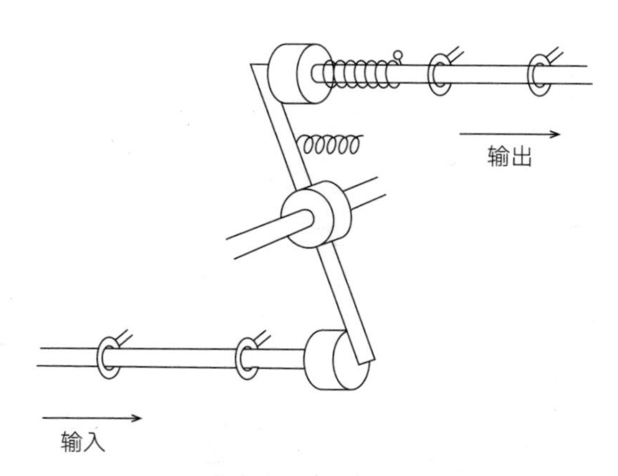

图 1-5 用以实现“非”功能的机械式取反器

“与”“或”“非”功能被统称为逻辑块，将它们组合起来就能实现其他逻辑功能。例如，将“或”逻辑块的输出和

“非”逻辑块的输入相连，便可以实现“或非”功能，即当两个输入都不为 1 时，“或非”的输出才为 1。再举一个例子（应用德·摩根定律），将两个“非”逻辑块的输出分别连接至一个“或”逻辑块的输入，再将此逻辑块的输出连接至第三个“非”逻辑块的输入（见图 1-6），那么这 4 个逻辑块就共同实现了逻辑“与”的功能，即当两个输入都为 1 时，最后的输出才是 1。

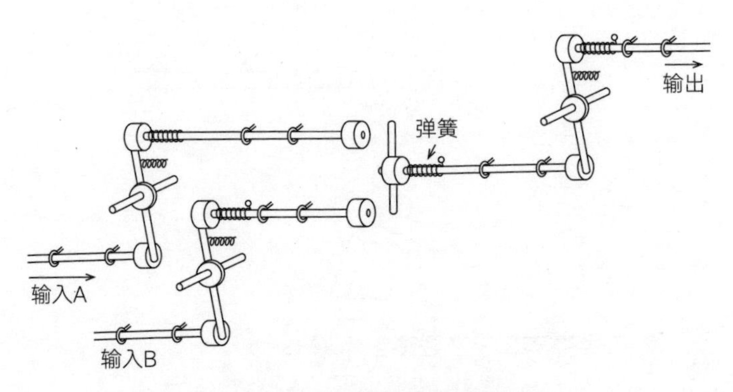

图 1-6　一个“或”逻辑块和若干“非”逻辑块组成一个“与”逻辑块

早期的计算器是由机械部件制造成的。17 世纪，法国数学家布莱士·帕斯卡（Blaise Pascal）制造出了一台机械加法器，这让德国自然科学家戈特弗里德·威廉·莱布尼茨（Gottfried Wilhelm Leibniz）和英国博学家罗伯特·胡克（Robert Hooke）深受启发，他们改良了这台加法器，使其可以运算乘法和除法，甚至可以求取平方根。不过，这些机器都是不可编程的。到了 1833 年，英国数学家、发明家查尔斯·巴贝奇（Charles Babbage）设计并参与制造了一台可编程的机械式计算机。实际上，在我的童年时期，即 20 世纪 60 年代，大多数算术计算器都是机械式的。我非常喜欢这些机械式计算机，因为里面的运作过程能被清楚地看到，这一点是电子计算机无法实现的。当我设计电子计算机芯片时，会将电路想象成移动的机械部件。

液压计算机

设计逻辑电路时，我脑海中会浮现出液压阀的影子。液压阀类似于一个既能控制水流也能被水流控制的开关。液压阀具有三个连接点：输入、输出和控制端。控制端连接处的液压推动活塞向前，从而阻断从输入端到输出端的水流。图 1-7 表示的是一个由液压阀构建成的“或”逻辑块。

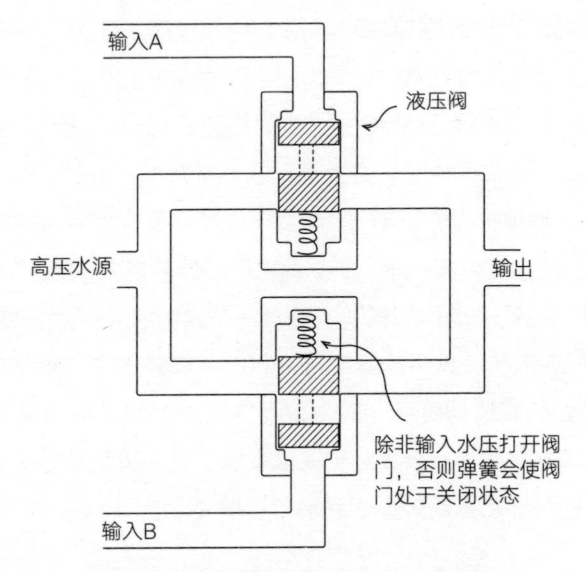

图 1-7　用液压阀构建成的“或”逻辑块

在这个管路中，液压用于区分两种不同类型的信号。值得注意的是，液压阀中的控制管会影响输出管，但反之则不然。这个限制条件确立了信息可通过开关向前流动。从某种意义上来说，它实现了一种时间维度上的单向性。而且，由于液压阀只能处于打开或关闭的状态，它还具有放大的功能，即使信号的强度在每个阶段都能保持在最大值。得益于液压阀的开 / 关功能，即使输入的液压很小（这可能是因为液体经过了一根细长的管道或者管道存在泄漏），输出的液压依然能达到最大值。这就是数字开关和模拟开关的根本区别：数字开关要么开启，要么关闭，而模拟开关就像厨房的水龙头一样有各种调节值，可以位于两者间的任意位置。在液压计算机中，输入信号的压力必须足够强，这样才能打开液压阀。在这种情况下，“非同小可的差异”就是液压足以或者不足以将阀门打开的水压差。由于输入的微弱信号仍然能产生足够强度的输出，因此，我们可以将数以千计的逻辑管道连接起来，并用一个逻辑管道的输出控制下一个逻辑管道，而不必担心管道液压会逐渐降低，因为每个阀门输出的液压仍将保持在最大值。

这类设计被称为复原逻辑（restoring logic）。关于液压技术的例子尤为有趣，因为它与现代计算机采用的逻辑几乎完全相同。管道中的液压类似于电路中的电压，液压阀类似于金属氧化物制成的晶体管。液压阀中的控制、输入和输出分别对应晶体管中的栅极、源极、漏极。液压阀与晶体管的工作原理非常相似，我们完全可以将现代微处理器的设计直接转化为液压计算机的设计。为了完成这种转化，你需要通过显微镜观察硅基芯片上的线路布局，然后按照线路摆放好管道，再按线路原样将其连接起来；同时，用液压阀替代芯片上的晶体管。芯片上的电路与供电电源相连，因此与之对应的管道应该连接至可以增压的水源处；芯片上有电路接地，而与之对应的管道应该能将积水排空。

若想使用这台液压计算机，你还需要将输入和输出的液压部件连接起来，这就需要建造一个液压式键盘、一个液压式显示器以及液压式存储芯片等，如果这一切都完成了，液压计算机便能完全复现电子芯片中所有开关的动作。当然，由于液压在管道中的传播速度比电路中电流的速度慢很多，因此液压计算机的运行速度要比你最新的微处理器慢得多，更不用说大型机算机了。从体积上来说，现代微芯片上容纳了数百万个晶体管，与之对应的液压计算机则需要数百万个阀门，芯片上晶体管的长度只有百万分之一米，而一个液压阀的边长就在 10 厘米左右。如果管道也按此比例布置，那么由液压阀和管道组成的液压计算机的占地将达到 1 平方千米。从飞机上来看，这台液压计算机与你在显微镜下看到的芯片的大小相当。

当我设计计算机芯片时，首先会利用计算机绘制出设计图，然后将这些图案缩小，再蚀刻在硅芯片上。屏幕上呈现的线路就相当于管道和液压阀。事实上，绝大多数计算机设计者都不必为画图劳心费神，他们只需指定逻辑块（“或”“与”等）之间的连接关系，后续诸如逻辑块的位置和开关的几何布线等细节性工作都可交由计算机来处理。在多数情况下，设计者都会专注于功能设计，而将画线工艺置之于脑后。我虽然有时也会这样做，但还是更喜欢亲手画设计图。每当我设计完一款芯片时，想做的第一件事就是利用显微镜来观察它。我这么做并非因为能从观察中获取新知识，而是着迷于感受芯片上的图案是如何缔造出现实的。

万能工匠——积木

除了神奇的微缩功能以外，采用硅芯片技术制造计算机并无其他特殊之处。无论采取何种技术，建造一台计算机只需两种大批量的元件：开关和连接器。开关是一种控向元件（比如液压阀、晶体管等），它可以将多个信号融合成一种信号。在理想的情况下，开关应该是非对称的，即输入信号能够影响输出信号，反之则不然。此外，开关应该具有复原的性质，这样当输入信号减弱时，就不会导致输出信号也随之减弱。连接器是一种能够在开关之间传输信号的电路或者管道，且必须具备分支转向的功能，这样才能将单个输出送至多个输入。建造一台计算机只需这两种元件便足矣。下文我们还将介绍一种元件——寄存器，这是一种能存储信息的装置，它也可以由开关和连接器组装而成。

我虽然从未建造过液压计算机，但曾与同事一起用木棒和绳子组装过计算机。我们所用的材料来自一种名为“万能工匠”的儿童积木玩具。这些圆柱体木棒能够插入带孔的木质圆环中。与用开关和灯泡组成的游戏机一样，积木计算机也会玩井字游戏，并且还从未输过。建造这样的计算机可谓困难重重，因为所需的积木套件超过百套，其中的零件数目更是高达数万。目前，这台计算机的成品陈列于波士顿市计算机博物馆中。虽然它的复杂度足以令人瞠目结舌，但其所依赖的工作原理仍旧很简单，不过是上面提到的“与”功能和“或”功能的各种简单组合。

我在设计这台积木计算机时犯下了一个大错，那就是没有采用复原逻辑，也就是说，某一逻辑块与下一级逻辑块之间没有放大功能。我设计的逻辑功能是通过木棒之间的推动实现的，类似于图 1-4 中所使用的方法。这种设计方法决定了驱动计算机中数以百计元件的所有动力都来自输入开关的动力。累积的动力会将传递逻辑动能的绳索拉得非常紧。由于每个逻辑块之间没有放大功能，因此，由拉紧的绳索引起的偏差将会在逻辑块之间不断累积，除非不断地调整绳索，否则机器一定会出故障。

为了解决这个问题，我又建造了一台积木计算机。我从未忘记第一台计算机的教训：采用的技术必须能从不完善的输入中产生完善的输出，并将微小的误差消除在萌芽阶段。数字技术的真正精髓在于：每一级都能将信号复原并保持在完善的状态。目前为止，这是我们所知道的控制复杂系统的唯一方法。

不必担忧那些非同小可的差异

将计算机逻辑的两种信号命名为 0 和 1，这是功能抽象原理的一个范例。这样，我们在处理信息时就无须考虑信号所代表的底层事物的具体细节。一旦我们掌握了如何实现某个给定的功能，就可以将实现机制放入一个“黑箱”或“构件”中，然后不再考虑它。我们可以不断反复使用构件中封装好的功能，而无须理会其内部的细节。这种功能抽象的过程是计算机设计的一项基本原则，它虽然不是设计复杂系统的唯一方法，却是最通用的一种方法（我还将在后文介绍另一种方法)。计算机的功能抽象层次结构是这样建造的：每种功能抽象都由一种构件体现。将具备某些功能的逻辑块互连起来便能实现更为复杂的功能，而这些逻辑块组合又会成为下一个层次的新构件。

这种功能抽象的层次结构是我们理解复杂系统的最有力的工具，有了它，我们每次只需关注一个方面的问题。例如，当我们在讨论抽象的“与”和“或”等布尔功能时，不必考虑这些逻辑功能是由电子开关、木棍和绳索，还是液压阀构成的。在大多数情况下，我们无须探讨技术问题。这是一个绝妙的方法，因为这意味着，即使晶体管和硅芯片等技术有一天会被淘汰，但对于计算机来说，我们所论述的一切将依然基本正确。

THE PATTERN ON THE STONE

02 通用构件

构建一台计算机需要一些基本的工具，比如逻辑功能和有限状态机。逻辑功能主要是指明确计算规则，为不同的输入指定对应的输出。有限状态机则可以帮助计算机实现随时间变化的功能。

关于线路和开关的介绍，我们先放到一边，接下来，我们从工程领域进入数学领域，探讨一下以0和1的形式运作的逻辑块的抽象原理。本章的内容是这本书最为抽象的一章，我将会向大家展示如何以建造井字游戏机的方法实现任何一种功能。我们还将定义一组功能强大的构件：逻辑功能和有限状态机。利用这些工具，我们可以轻松地构建出一台计算机。

逻辑功能

在建造井字游戏机时，我们会先画出博弈树，以表示一组根据输入生成输出的规则。事实证明，这是一种行之有效的方法。一旦我们明确了规则，为不同输入指定与之对应的输出，就能用“与”“或”“非”等逻辑功能构建出可以实现这些规则的机器装置。“与”“或”“非”逻辑块构成了一组通用构件，它们可用于实现任何规则。这些基本逻辑块有时也被称为逻辑门（logic gate）。

通用的逻辑块这一概念十分重要，它意味着可以用其构建出任何东西。我小时候最喜欢的玩具是一种可拼接的乐高塑料块，我用它们组装出了汽车、房屋、太空飞船以及恐龙等各式各样的玩具。虽然我非常喜欢玩乐高积木，但它们的通用性不够好，因为用它们搭建出来的玩具外观只限于方形和阶梯形等形状。若想搭建诸如圆柱形和圆形等类似形状的玩具，就需要用新的积木类型。后来，为了搭建出想要的东西，我不得不借助于其他工具。布尔逻辑中的“与”“或”“非”等逻辑块是一种将输入转换为输出的通用构件。若想了解它们如何成为通用构件的原理，你最好先掌握利用构件实现规则的通用方法。

我们先来看一看二进制规则，这种规则指定的输入和输出为 1 或 0。井字游戏机是采用二进制规则来设定逻辑功能的一个范例，因为其中作为输入的开关和作为输出的灯泡只能处于开启或关闭的状态，也就是只能为 1 或 0。我们稍后将讨论输入和输出为字母、数字，甚至图片和声音的处理规则。对于输入为 1 和 0 的组合及其对应的输出，我们都可以通过表格来表示任意一组二进制规则。例如，“或”功能的二进制规则可以通过下表来表示（见表 2-1）。“非”功能的二进制规则的表格则更为简单（见表 2-2）。

表 2-1 “或”功能的二进制规则

	输入 A	输入 B	输出
	0	0	0
“或”功能	0	1	1
	1	0	1
	1	1	1

表 2-2 “非”功能的二进制规则

	输入	输出
“非”功能	0	1
	1	0

对于 n 个输入的二进制功能来说，其输入信号的可能组合共有 2^n 种。在一些情况下，我们不必费力将它们全部列举出来，因为某些输入组合我们无须去考虑。例如，当我们梳理井字游戏机的功能时，不会去考虑人类玩家同时走所有方格的情况。游戏规则禁止这种走法，因此我们不必为这种输入组合设定对应的输出。通过连接“与”“或”“非”等逻辑块，我们可以组合出各种复杂的逻辑块。在绘制连接图时，通常有三种不同形状的图例来表示这三类逻辑块（见图 2-1）。逻辑块左边的连线表示输入，右边的连线表示输出。图 2-2

描述了用一对两个输入的“或”逻辑块组合成一个三个输入的“或”逻辑块的过程。如果三个输入中有任意一个为 1，则这个逻辑功能的输出就为 1。我们可以用类似的方式将若干“与”逻辑块组合成一个多输入的“与”逻辑块。

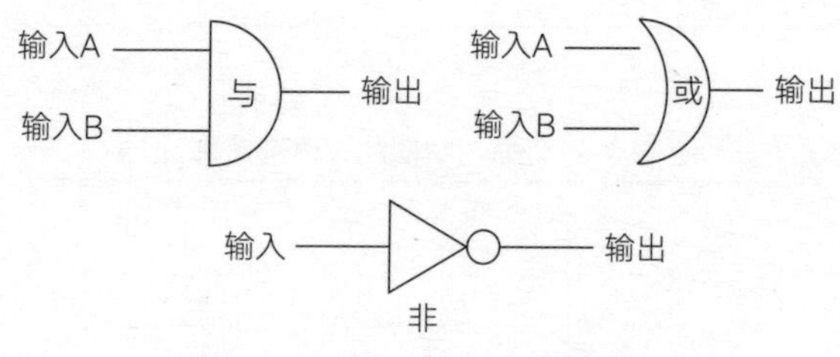

图 2-1 “与”“或”“非”逻辑块

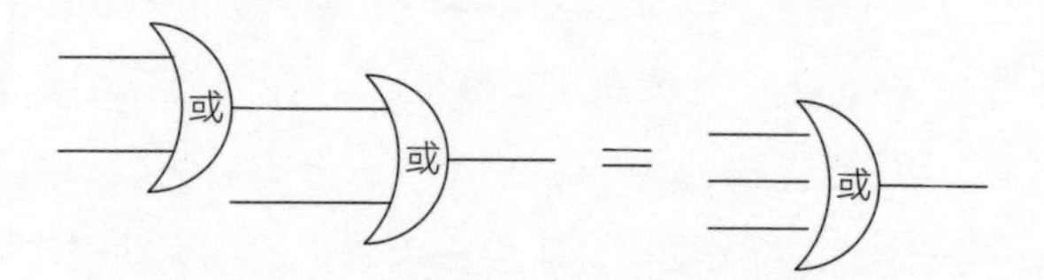

图 2-2 具有三个输入的“或”逻辑块的形成过程

在图 2-3 中，若干“非”逻辑块分别与一个“或”逻辑块的输入和输出相连，组合成一个“与”逻辑块（其依据的还是德·摩根定律）。若想了解其中的工作原理，最好的方法是研究每种输入组合下 1 和 0 背后的逻辑规律。值得注意的是，图 2-3 与第 1 章中的图 1-6 基本上是相同的。这揭示了一个有趣的事实：“与”逻辑块并不是通用构件中不可或缺的，我们可以通过“或”逻辑块和“非”逻辑块将其构建出来。

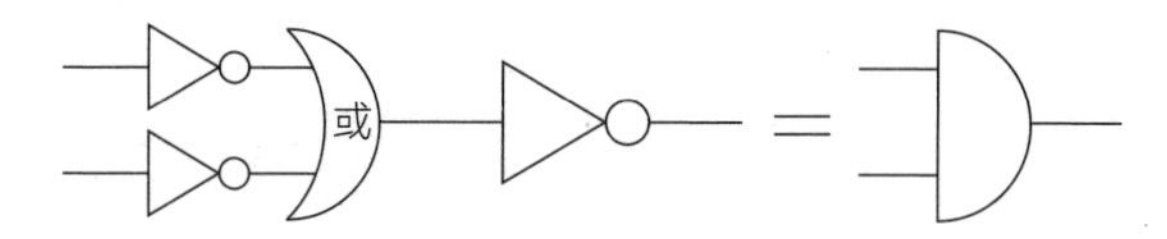

图 2-3 由“或”“非”逻辑块组成的“与”逻辑块

在井字游戏机中，“与”逻辑块用于识别输出为 1 时的各种可能的输入组合，而“或”逻辑块则将这些输入组合形成列表。我们以一种具有三个输入的逻辑块为例来说明。假设我们现在要构建一个由三个输入决定输出的逻辑块。这个逻辑块遵循少数服从多数的原则，也就是说，只有两个及两个以上的输入为 1 时，输出才会为 1（见图 2-4）。

图 2-4A 显示了实现投票表决功能的过程。其中，若干“与”逻辑块和位于恰当位置的“非”逻辑块用于识别所有与输出 1 对应的输入组合，这些逻辑块共同连接至一个产

出输出的“或”逻辑块上。通过这种策略，我们便能实现从输入到输出的任意形式的转换。

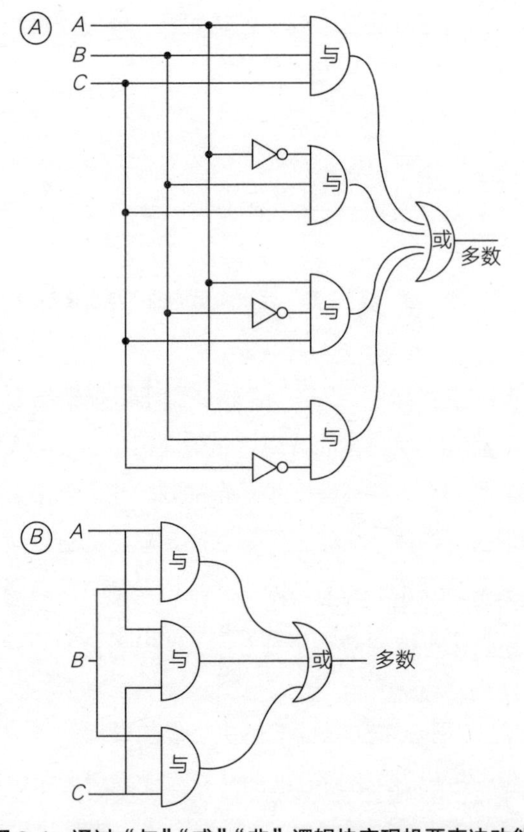

图 2-4 通过“与”“或”“非”逻辑块实现投票表决功能

不过，这种利用单个“与”逻辑块识别单个输入组合的方法既不是实现投票表决功能的唯一方法，也不是最简单的方法。图 2-4B 提出的方案更为简单。这种设计方案的精妙之处不是它能得出最优的实现方式，而是它总能找到一种可行的实现方式。综上所述，我们可以得出一个重要结论：通过“与”“或”“非”等逻辑块的组合，我们可以实现任何二进制功能，即那些可以由 1 和 0 表示的输入 / 输出表所设定的功能。

实际上，将输入和输出设定为二进制数并不会带来太大的限制，因为 1 和 0 的数字组合可以表示许多事物，例如字母、更大的数字以及所有可编码的项。举一个非二进制功能的例子。假设我们要制造一台机器来充当石头 / 剪刀 / 布猜拳游戏的裁判，在这个儿童热衷于玩的游戏中，游戏双方会选择三种“武器”（石头、剪刀、布三种手势）中的一种。判断胜负的规则很简单：剪刀胜布，布胜石头，石头胜剪刀；如果双方选择的武器相同，则打成平手。我们并不需要制造一台会玩这种游戏的机器（因为这需要机器去猜测对手选择何种武器），而是制造一台能判断双方输赢的机器。下面是该功能的输入和输出表（见表 2-3），输入是双方的选择，而输出是获胜方，该表实现了对游戏规则的编码。

表 2-3 裁判功能的输入和输出表

输入 A	输入 B	输出
剪刀	剪刀	平局
剪刀	布	A 获胜
剪刀	石头	B 获胜
布	剪刀	B 获胜
布	布	平局
布	石头	A 获胜
石头	剪刀	A 获胜
石头	布	B 获胜
石头	石头	平局

这个猜拳游戏的裁判功能虽然是一个组合功能，但不是一个二进制功能，因为其输入和输出超过两种。若想通过组合逻辑块来实现这一功能，我们必须将它转换为一个由 1 和 0 表示的二进制功能。这就要求我们设定输入和输出的规则。有一种简单的方法是，使用一种二进制位表示一种可能性，即需要三个输入信号来表示每种武器：第一个输入信号为 1，表示剪刀；第二个输入信号为 1，表示石头；第三个输入信号为 1，表示布。同样，我们可以使用不同的输出信号来分别表示玩家 A 获胜、玩家 B 获胜或者平局。因此，逻辑块共有六个输入和三个输出。

为每种武器设定三个输入信号是实现裁判功能的非常有效的方法。不过，如果我们在计算机中实现这种功能，可能会使用输入和输出更少的编码方式。例如，我们可以使用两个二进制位来表示每种输入：用 01 组合表示剪刀，10 组合表示布，11 表示石头。同样，我们可以使用两个二进制位对每种输出进行编码，如表 2-4 所示，这种编码方式还可以简化为具有三个输入和两个输出的表。

表 2-4 裁判功能的二进制规则

	输入 A	输入 B	输出
剪刀 =01 布 =10 石头 =11 A 获胜 =10 B 获胜 =01 平局 =00	01	01	00
	01	10	10
	01	11	01
	10	01	01
	10	10	00
	10	11	10
	11	01	10
	11	10	01
	11	11	00

计算机可以通过二进制位的组合表示任何信号，所需的二进制位数目取决于需要区分的信号的数目。例如，对

于一台处理各类字符的计算机而言，5 个二进制位的输入信号可以表示 32 种不同的可能性（$2^5=32$）。计算机中用字符操作的功能有时会采用这种编码方式，不过它们更多地采用 7 个或者 8 个二进制位表示字母、标点符号、数字等。大多数现代计算机都采用一种标准的编码方式，即 ASCII 编码，其全称为美国国家信息交换标准码（American Standard Code for Information Interchange，简称 ASCII）。在 ASCII 编码中，1000001 表示大写字母 A，1000010 表示大写字母 B，依此类推。当然，也可以采用其他编码方式。

大多数计算机都有一种或多种表示数字的编码方式，最为常见的是以 2 为基的数字编码方式，在这种表示方法中，序列 0000000 表示十进制数 0，序列 0000001 表示十进制数 1，依此类推。我们常用 32 位或者 64 位来描述计算机，这两个数字代表计算机电路表示数字时同时处理的二进制位的数目：一台 32 位的计算机使用 32 位表示一个以 2 为基的数字。虽然以 2 为基的数字系统是一种通用惯例，但这并不意味着必须采用这种方式。而且，出于各种原因，许多采用这种方式的计算机也会采用其他的数字表示方式。比如，许多计算机会采用一种略微不同的方式来表示负数，并且会用一种称为浮点数（floating point）的数字来表示带小数点的数字。小数点在浮点数中的位置可以左右“浮动”，因此一定数目的位数可以表示很大范围的数值。为了简化执行算术运算的线路逻辑，以及更方便地转换数字表示形式，我们一般会采取与之对应的数字表示形式。

由于布尔逻辑可以实现所有的逻辑功能，因此采用任何表示形式的二进制数都可以构建出能够执行加法、乘法等运算的逻辑块。例如，如果我们要在一台 8 位计算机中构建一个能完成数字加法运算的逻辑块，那么这个 8 位加法逻辑块必须具有 16 个输入信号（每个加数都有 8 个输入信号）和 8 个输出信号作为加法的和。由于每个数字都由 8 个二进制位来表示，因此存在 256 种组合，每种组合代表不同的数字。例如，我们能用这些组合表示 0 ～ 255 的数，或者 -100 ～ 154 的数。若想定义加法块的功能，只需先写出加法表，然后根据所选择的表示形式将表中的数字转化为由 1 和 0 组成的数字串，最后再用前面描述的方法将 1 和 0 组成的数字串转换为对应的“与”“或”逻辑块。

如果在上述的逻辑块中再添加两个控制输入，我们便可以构建出能同时完成加法、减法、乘法和除法运算的逻辑块。这两个附加的控制输入用于指定要执行的运算类型。例如，对于表中控制输入为 01 的每一行，我们可以将其输出定义为两个输入数字的和；对于表中控制输入为 10 的每一行，我们可以将其输出定义为两个输入数字的乘积，依此类推。大多数计算机都有这类逻辑块，常常被称为运算器（arithmetic unit）。

依据上述方法来组合“与”“或”逻辑块，我们便可以实现任何一种逻辑功能。不过，这虽然是一种可行的方法，但不是最有效的。通过巧妙的设计，我们可以采用比上述方法所需构件更少的方法来搭建线路，而且，还可以采用其他类型的构件，或者将输入至输出的线路延迟时间减至最低程度。在设计逻辑功能的过程中，我们通常会碰到一些典型的难题：如何用“与”逻辑块和“非”逻辑块构建出“或”逻辑块？（这个很简单）如何用一组“或”逻辑块和“与”逻辑块以及两个“非”逻辑块实现一个具有三个“非”逻辑块的功能？（这个比较困难，但可以实现。）在计算机设计过程中，我们经常会遇到这类难题，不过，这也正是使设计过程变得有趣的地方。

有限状态机

前文介绍的方法可以用于实现不随时间发生变化，可随时执行的功能。不过，还有一类更有趣的功能，它是按时序来执行的。为了实现这种功能，我们需要用到一种被称为有限状态机的装置。有限状态机能够实现随时间变化的功能，这类功能的输出不仅取决于当前时刻的输入，还取决于先前输入的时序。一旦你掌握了有限状态机这个概念，便会发现它们无处不在——密码锁、圆珠笔，甚至法律合同中都有它的影子。有限状态机由一个按布尔逻辑构成的查询表和一个存储器组合而成。存储器用于存储过去的历史记录，即有限状态机中的“状态”。

密码锁就是一个简单的有限状态机。密码锁的状态是输入锁中的数字序列的总体。密码锁不会记住先前输入的所有数字，只需记住最近一次输入的数字，并且知道这些数字组成的序列何时可以打开密码锁。更简单的有限状态机是伸缩式圆珠笔，它只有两种状态 —— 伸出和缩进，并且圆珠笔会记住按钮被按了奇数次还是偶数次。所有有限状态机都具有一组固定的可能状态集合、一组可改变状态的允许输入集合（例如，按下圆珠笔按钮，向密码锁中输入数字等），以及一组可能的输出集合（例如，圆珠笔笔尖的伸出和缩进，打开密码锁等），这些输出只取决于状态，而状态又只取决于过去的输入序列。

有限状态机的另外一个简单范例是计数器，例如旋转门上安装的计数器可以记录通过的人数。每当有人通过这个旋转门时，计数器的状态就会更新一次。这种计数器的状态是有限的，因为它能记录的数位是有限的。当它的计数值达到最大值时，比如最大数值为 999，再进一个人便会更新为零。汽车的行驶里程表的工作原理也与之类似。我曾经开过一辆老式的出租车，其里程表读数为 70 000，但我搞不清楚这辆车到底行驶了 70 000 英里（1 英里约为 1.6 千米）、170 000 英里，还是 270 000 英里。因为这个里程表只有 100 000 种状态。对这个里程表而言，上述历史记录都是一样的。正是出于这个原因，数学家通常会将一种状态定义为“一些等值历史的集合”。

其他常见的有限状态机还包括交通信号灯、电梯按钮等。在这些有限状态机中，状态序列是由内置的时钟和输入按钮共同决定的，这些输入按钮包括人行道上设置的“行人”按钮和电梯中的“呼救”及“楼层选择”按钮。有限状态机下一时刻的状态不仅取决于前一时刻的状态，还取决于输入按钮的信号。在有限状态机中，状态之间的转换由一组固定的规则来确定，通过简单的状态图，我们可以表示出状态的转换过程。图 2-5 展示了交通信号灯的状态图，当按下“行人”按钮后，两个方向都亮起红灯。图中每个信号灯图示表示一种状态，每一个箭头表示状态之间的转换，而状态的转换取决于“行人”按钮是否被按下。

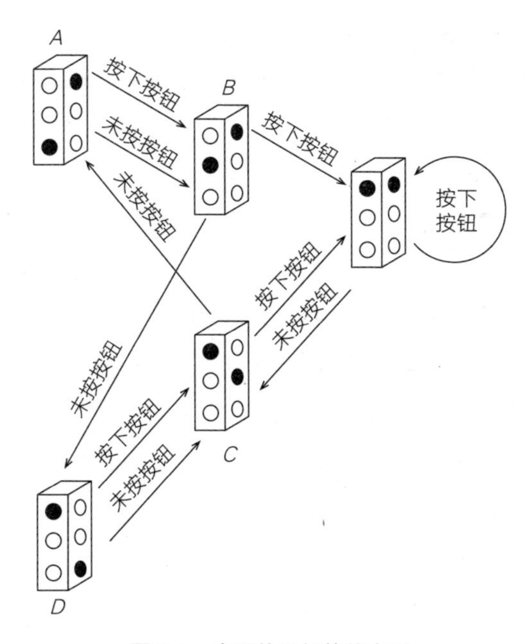

图 2-5　交通信号灯的状态图

为了存储有限状态机的状态，我们还需要引入一种用于存储二进制位的构件——寄存器（register）。一个 n 位的寄存器具有 n 个输入和 n 个输出，以及一个额外的时序输入，这个时序输入能够告知寄存器更新状态的时间。存储新信息的过程就是将状态“写入”寄存器的过程。当时序信号传递到寄存器，通知其“写入”一种新状态时，寄存器便会根据输入信号改变其状态。寄存器的输出始终与寄存器的内部状态同步。寄存器有很多种实现方式，其中一种是通过布尔逻辑块来控制状态信息，使其在一个闭合圈中不断循环。电子计算机通常采用这种寄存器，这也是当计算机的电源被中断时经常丢失正在处理的信息的原因。

图 2-6 中的有限状态机由一个布尔逻辑块和一个寄存器连接而成。有限状态机将布尔逻辑块的输出“写入”寄存器，以此完成状态的更新；然后，布尔逻辑块根据寄存器的当前状态和当前的输入来计算下一个状态；接下来，计算出的状态值会在下一个周期被“写入”寄存器。上述过程会随着每一个周期重复进行下去。

有限状态机的功能可以通过这样一个表来表示：表中每种状态和每种输入信号与下一个状态相对应。例如，我们可以通过表 2-5 来表示交通信号灯控制器的运算过程。

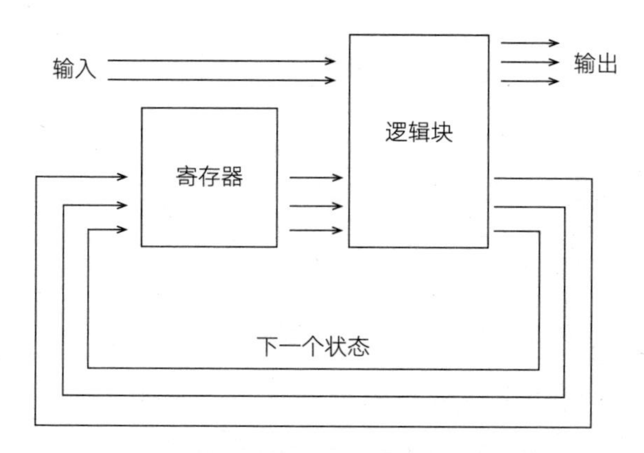

图 2-6　逻辑块和寄存器连接成的有限状态机

表 2-5　交通信号灯的状态表

输入		输出		
“行走”按钮	当前状态	主路信号灯	交叉路信号灯	下一状态
未按按钮	A	红灯	绿灯	B
未按按钮	B	红灯	黄灯	D
未按按钮	C	黄灯	红灯	A
未按按钮	D	绿灯	红灯	C
未按按钮	行走	行走	行走	D
按下按钮	A	红灯	绿灯	B

续表

输入		输出		
“行走”按钮	当前状态	主路信号灯	交叉路信号灯	下一状态
按下按钮	B	红灯	黄灯	行走
按下按钮	C	黄灯	红灯	行走
按下按钮	D	绿灯	红灯	C
按下按钮	行走	行走	行走	行走

实现有限状态机的第一步是建立这样的表格，第二步是为每种状态设定不同的二进制位组。交通信号灯控制器共有5种状态，这就需要使用三个二进制位来表示。由于每增加一个二进制位就能使状态数目翻倍，故n个二进制位最多能存储2^n种状态。将上表中的所有状态都替换为二进制位组之后，就能将此表转化为由布尔逻辑实现的功能。

在交通信号灯系统中，时序发生器控制着寄存器的读写操作，这使寄存器的状态按固定的时间间隔进行更新。时钟也是一种按时间间隔更新状态的有限状态机。一个精确到秒的时钟共有24 x 60 x 60=86 400种显示状态，也就是一天中的每一秒都对应着一种状态。时钟内部的时序机制保证它每秒钟更新一次状态。许多数字计算设备，包含绝大多数通用计算机，都在固定的时间间隔内更新状态，其状态更新频率被称为时钟频率（clock rate）。在计算机内，时间并不是连续的流，而是固定的状态转换序列。计算机的时钟频率决定了状态转换的频率，这是真实的物理时间和计算时间之间的对应关系。例如，我写这本书时用到的笔记本电脑的时钟频率是 33 兆赫兹，这意味着它在以每秒钟 3 300 万次的频率更新状态。如果时钟频率变得更高了，则这台电脑的运算速度会更快，不过当计算下一个状态时，运算速度会受到信息在逻辑块之间传递所耗的时间的限制。

随着技术的不断进步，逻辑运算的速度将会变得越来越快，时钟频率也会变得越来越高。虽然当我写下这些文字时，我电脑的时钟频率已经算是当前最高的了，但当你们读到这本书时，33 兆赫兹的时钟频率可能太慢了。这就是硅基技术创造的奇迹之一：计算机的体型越做越小，而其逻辑运算速度越来越快。

有限状态机之所以如此强大，原因之一是它们能够识别序列。例如对于某个密码锁来说，只有当输入序列为 0—5—2 时，密码锁才会打开。无论它是机械的还是电子的，这种锁都属于一种有限状态机，其状态图如图 2-7 所示。

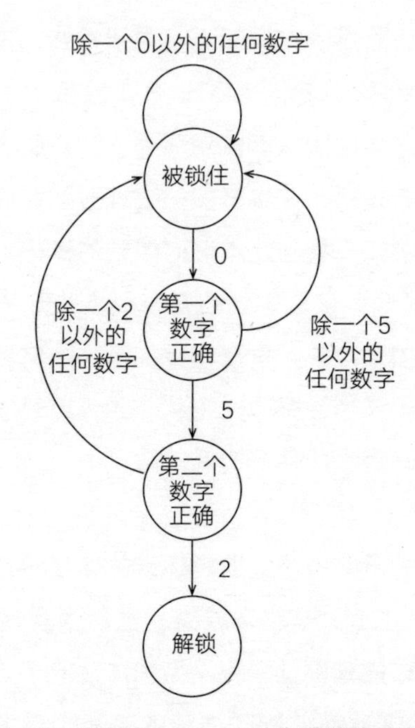

图 2-7　密码为 0—5—2 的密码锁的状态图

我们也可以制造出能识别出任意有限序列的有限状态机。此外，有限状态机还可以用于识别符合某些特定模式的序列。图 2-8 中的有限状态机可以识别出所有以 1 开头、中间为任意数目的0，并以3结尾的序列。符合这种条件的组合都可以打开密码锁，比如 1—0—3 和 1—0—0—0—3，而序列 1—0—2—3 则无法打开密码锁，因为它不符合密码模式。更复杂的有限状态机能够识别更复杂的模式，例如识别出一段文字中拼写错误的单词。

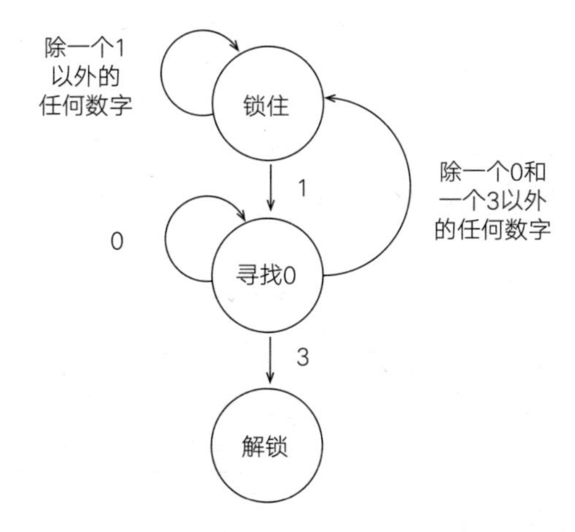

图 2-8　识别序列 1—0—3 和 1—0—0—0—3 的状态图

有限状态机的功能虽然很强大，但不能识别出所有类型的序列模式。例如，我们无法搭建出一台能识别出所有回文密码的有限状态机，这里的回文密码是指从左向右读和从右向左读都一样的密码，比如 3—2—1—2—3。这是因为回文串可以是任意长度的字符串。为了识别出回文串的前半部分，你需要记住前半部分的每个字符。由于前半部分的数字组合有无数种，因此这就需要一个具有无数种状态的机器。

同理，我们也无法制造出能判断英文句子是否有语法错误的有限状态机。比如这个短句“Dogs bite”（狗咬人）。我们可以通过在名词和动词之间加入修饰词来改变这句话的含义，例如，“Dogs that people annoy bite”（被人惹怒的狗咬人）。我们还可以在这句话中间加入一个短语：“Dogs that people with dogs annoy bite”（被带狗的人惹怒的狗咬人）。虽然这些句子表达的含义更为清晰且更难理解，但从语法层面上来说，它们都是正确的。从原则上来说，我们可以在一个句子中不断嵌套词组，最终组成这样的句子：“Dogs that dogs that dogs that dogs annoy ate bit bite”。有限状态机无法判断这个句子的语法是否正确，实际上人类也很难做出判断，这背后的原因是相同的：需要厘清所有这些“dogs”的关系。有限状态机难以处理的语句也会难住人类，这一事实不禁让人推测：人类的大脑中是否也存在着类似于有限状态机的机制呢？正如你将在下一章中看到的，有些类型的计算装置似乎更适合处理人类语法中的递归结构。

第一个向我介绍有限状态机概念的人是我的导师马

文·明斯基（Marvin Minsky）[1]。他还曾向我阐述一个有名的难题，即行刑队问题。假设你是行刑场上的一位长官，手下有一组排成长队的士兵。由于士兵的队伍非常长，不是每一个士兵都能听到你口头传达的“开火”的命令，因此你只能给队伍中的第一个士兵下达命令，然后由他开始向旁边的士兵重复这个命令，依此类推。然而问题的难点在于，队列中的所有士兵必须同时开火。虽然士兵都可以听到节奏固定的鼓点声，但你无法规定在多少鼓点后所有士兵同时开火，因为你根本不知道有多少名士兵。因此，这个问题的关键在于，确保全体士兵同时开火。你可以通过这样的方法来解决该问题：设计一组复杂的指令，告知每个士兵应该向两边的人传递何种信息。这时，每个士兵就相当于一个有限状态机，其中每个有限状态机都需要根据相同的时钟（鼓点）来更新状态，并接受相邻邻居的输出作为各自的输入。现在的问题就在于，如何设计一排相同的有限状态机。当某一端的有限状态机收到相关命令后，所有有限状态机需要在同一时

---

① 人工智能领域的先驱之一，麻省理工学院人工智能实验室的联合创始人。其经典著作《情感机器》有力地论证了：情感、直觉和情绪并不是与众不同的东西，而只是一种人类特有的思维方式。也同时揭示了为什么人类思维有时需要理性推理，而有时又会转向情感的奥秘。本书中文简体字版已由湛庐文化策划，浙江人民出版社出版。——编者注

刻产生“开火”的输出（可以允许队伍两端的有限状态机异于其他位置的有限状态机）。这里我不便写出答案，不过可以告诉大家的是，利用若干个只具有少量状态的有限状态机便能解决这个难题。

在讲解如何将布尔逻辑和有限状态机结合起来并建造一台计算机之前，这里我只作自下而上的描述，指明一下途径和方向。下一章我将会介绍计算机功能中最为抽象的内容，大多数程序员都在这一级别与计算机交流。

THE PATTERN ON THE STONE

03 编程

计算机的神奇之处在于，只要你能精确描述你所想象的东西，它就能使其运行起来，而描述的关键在于编写正确的程序。

计算机的神奇之处在于，只要你能精确地描述出你所想象的东西，计算机就能将其变幻出来。问题的关键在于，如何描述你所想要的东西。只要程序编写正确，计算机就能摇身一变，成为一家剧院、一件乐器、一本参考书，甚至成为一名国际象棋高手。除了人类以外，世界上没有任何实体能拥有如此高的适应性和通用性。这些功能的实现离不开布尔逻辑块和有限状态机。不过，程序员通常不会考虑这些因素，而是会借助一种更为便捷的工具来实现所需的功能，那就是编程语言。

正如布尔逻辑块和有限状态机是计算机硬件的通用构件，编程语言是计算机软件的通用构件。与人类语言一样，编程语言也具有自身的词汇和语法。不过，不同于人类的语言，编程语言中的每个词汇和语句的含义具有唯一性。正如布尔逻辑具有通用性，大多数编程语言也是如此：它们可以用来描述计算机能做的所有事情。所有编写过或者调试过程序的人都知道，让计算机完成交给它的任务绝非易事，你必须精确地描述出计算机所要操作的所有细节。例如，如果你让记账程序将顾客的欠款以账单的形式寄给他们，那么那些从未赊账的顾客每周也会收到金额为 0 美元的账单。如果你让计算机给那些没有付款的顾客寄去一封催款通知，那么那些没有任何欠款的顾客也会收到金额为 0 美元的催款通知。所谓计算机编程，就是要避免以上这类错误。所谓编程艺术，就是将心中所想精确地告知计算机的艺术。在这个例子中，程序员需要让程序区分出欠款但未还款的顾客和未欠款的顾客。借用马克·吐温的话来说就是，正确的程序和几乎正确的程序之间的差异就像闪电和闪电虫[①]之间的差异，差异本身就是一个问题。

技艺精湛的程序员就诗人一样，能将别人无法形容的思想付诸文字。如果你是一位诗人，就能和读者共享某些知识和体验。程序员和计算机之间共享的知识和体验就是编程语言的含义。我们将会在后文探讨计算机是如何“获知”编程

①“闪电”和“闪电虫”对应的英文分别是“lighting”和“lighting bug”，两者之间相差一个单词“bug”，英文中的“bug”有双重含义：虫子和问题。——译者注

语言所表达的含义的，接下来先讨论编程语言的语法、词汇和常用语。

与计算机对话

编程语言的种类有很多，这种现象主要是由历史、习惯和品味等因素引起的。此外，不同编程语言善于描述不同类型的事物，这也是存在多种编程语言的原因之一。每种编程语言都有自己的语法。只有掌握了编程语法之后，我们才能编写程序，编程语法就如同人类语言中的拼写和标点。不过，对于编程语言的含义和表达来说，语法并非关键所在，更为重要的是词汇，也叫语言的原语（primitive），以及将这些原语组合形成新概念的方法。

所有的编程语言都会对所处理的数据进行描述，它们之间的区别在于各自所能处理的数据类型是不同的。最早的编程语言主要用于处理数字和字符串，之后的编程语言可以处理文字、图像、声音，甚至其他计算机程序。不过，无论编程语言被用于处理何种数据类型，它通常都会提供一种方式来读取、分离、整合、修改、计算和命名数据。

为了更形象地说明上述的抽象概念，我们以一个具体的计算机编程语言为例——Logo 语言。这种编程语言是由教育学家、数学家西摩·帕佩特（Seymour Papert）专为儿童设计的，可以用于编写程序来创建和处理图片、文字、数字和声音等。对于 10 岁的孩子来说，这种编程语言虽然十分简单，但同样具有最复杂的计算机编程语言的许多功能，比如编写可以控制其他程序的程序。Logo 语言还是一种可扩展语言，也就是说，你可以通过 Logo 原语定义新的词语。

海龟绘图程序是用 Logo 语言编写的最简单的程序之一。你可以给屏幕上的海龟下达指令，这只海龟就如同一支画笔，在屏幕上留下移动轨迹。当程序启动后，海龟头部朝上且位于屏幕中央。如果小孩输入指令“FORWARD10”，海龟就会向前迈出 10 步，也就是说，向上画出一条长度为 10 个单位的直线。“FORWARD”指令后面的数字 10 被称为参数。在这个例子中，参数规定了海龟应该往前走多少步。为了在不同的方向上画出直线，小孩必须调整海龟的前进方向。指令“RIGHT45”会使海龟自原来的朝向向右转 45 度（这也是一个参数）。如果再输入一个带参数的指令“FORWARD”，海龟就会在新方向上画出一条直线（见图 3-1）。

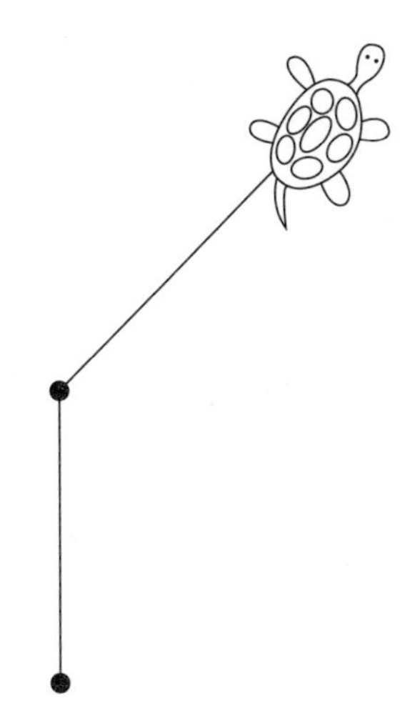

图 3-1　海龟绘图程序

当小孩输入“FORWARD”“BACKWARD”“RIGHT”“LEFT”等指令时，海龟就会在屏幕上依次向上、下、右、左移动，画出各种图像。然而，这样的操作需要输入大量指令，很快就会使人感到枯燥乏味。Logo 语言有趣的地方在于，它能够定义新指令。例如，小孩可以利用如下指令教会海龟（即为计算机写程序）画出一个正方形（见图 3-2）。

```
> TO SQUARE
> FORWARD 10
> RIGHT 90
> FORWARD 10
> RIGHT 90
> FORWARD 10
> RIGHT 90
> FORWARD 10
> END
```

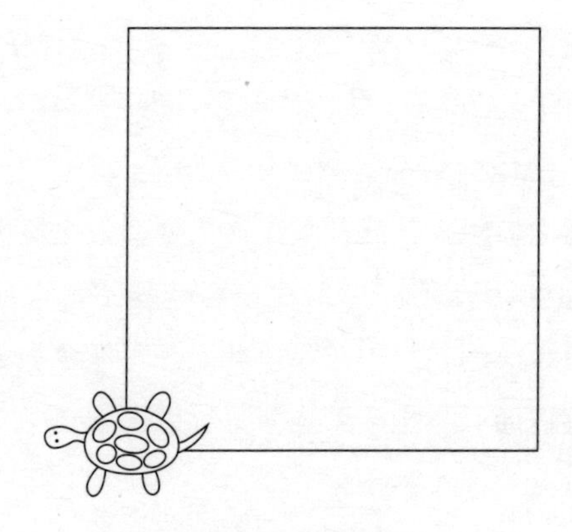

图 3-2 正方形

在定义完“正方形”这个词之后，小孩子只需输入新指令“SQUARE”（正方形），海龟便能画出一个边长为 10 个单位的正方形。毋庸讳言，指令“SQUARE”可被改为其他任意名字。即使小孩将指令命名为“箱子”或者“XYZ”，海龟还是会完成一模一样的动作。当小孩发现这一点后，会经常“戏耍”计算机取乐。比如，将画正方形的指令命名为“TIANGLE”（三角形），反之亦然。

一旦定义了“SQUARE”这个词，它就成了计算机词汇库中的一员，我们就可以用它来定义新指令，例如可以用它来定义“WINDOW”，即窗户（见图 3-3）。

```
> TO WINDOW
> SQUARE
> SQUARE
> SQUARE
> SQUARE
> END
```

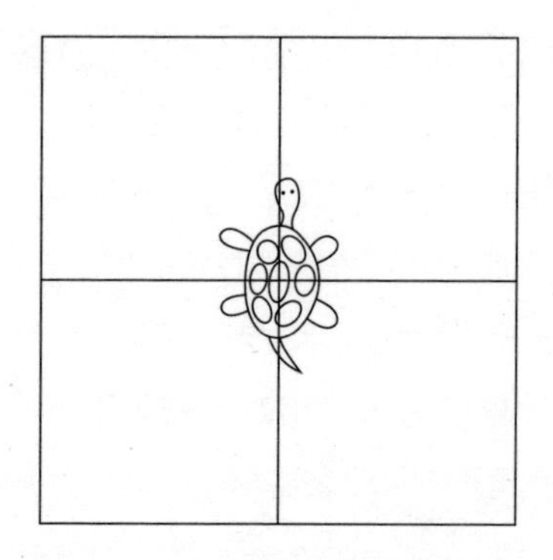

图 3-3 由 4 个正方形组成的窗户

根据以上这些指令，海龟便会绘制出位于不同位置的 4 个正方形，因为每画完一个正方形，海龟会旋转 90 度。用计算机术语来说，“SQUARE”是程序“WINDOW”的一个子程序，后者调用了前者，而子程序“SQUARE”又是基于原语“RIGHT”和“FORWARD”定义出来的。用户自定义的指令也带有参数。比如，小孩可以设定正方形的边长，并画出不同大小的正方形。

```
>TO SQUARE: SIZE
>FORWARD: SIZE
```

```
> RIGHT 90
> FORWARD: SIZE
> RIGHT 90
> FORWARD: SIZE
> RIGHT 90
> FORWARD: SIZE
> END
```

在上述指令中，冒号是 Logo 语言的语法之一，表示其后紧跟的词是一个参数的名称，而且这个词表示的含义与冒号前的词有所不同。在这个例子中，冒号是指调用“SQUARE”子程序时所提供的一个参与值。当定义好“SQUARE”之后，指令“SQUARE15”会指示计算机画出一个边长为 15 个单位的正方形。同样，这里的参数名称“SIZE”也是任取的，但它只有在指令“SQUARE”中才有意义。如果上述指令中的“SIZE”被字母“X”替代，那么这个子程序的功能将与原先完全相同。

编写正方形的子程序不止一种。例如，我们可以命令海龟向左转 4 次或者向后转 4 次来画出一个正方形。有趣的是，“SQUARE”指令的定义方式并不重要，它所绘制的内容以及将海龟置于何处才是关键所在。无论“SQUARE”是如何被定义的，以及它是否属于用户自定义的指令或者程序原语之一，其他程序都能调用这个指令。在扩展编程语言的过程中，程序员可以通过功能抽象的方法来创造新的构件。

在学习 Logo 语言时，小孩还会发现一个诀窍，那就是在指令的定义中插入这个指令本身，这被称为递归。例如，小孩可以设计出一个由许多旋转的正方形组成的循环指令："DESIGN"，即设计（见图 3-4）。

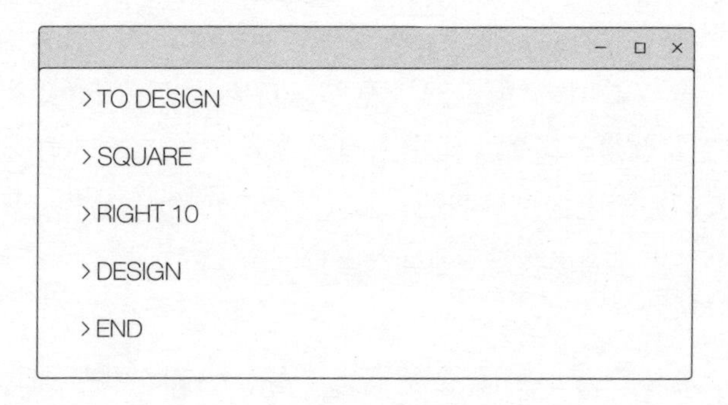

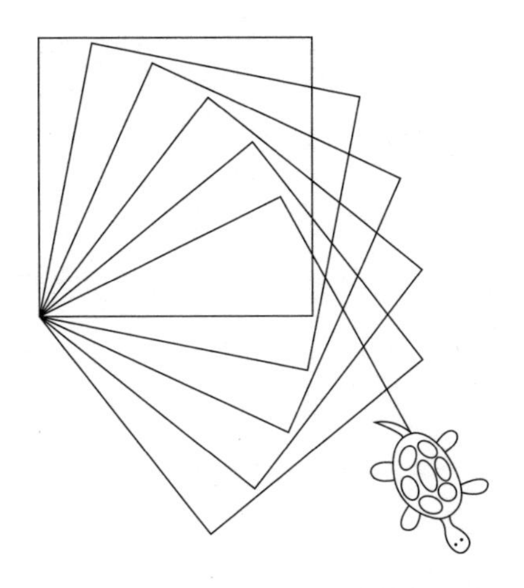

图 3-4 指令“DESIGN”的执行过程

当计算机接收到指令“DESIGN”后，首先会画出一个正方形，然后将海龟右转 10 度，并以同样的方式执行下一个指令“DESIGN”。在这种情况下，指令“DESIGN”的递归定义存在一个问题：它将会永远地执行下去。计算机每次接收到指令“DESIGN”后都会画出一个正方形，然后执行下一个指令“DESIGN”，这是一个不断循环往复的过程。一位智者曾说：“地球驮在一只巨大的海龟的背上。”“那么是什么支撑着这只海龟呢？”有一个学生提出了疑问。“另一只海龟。”大师答道。“那么又是什么支撑着这一只海龟呢？”

学生又问道。“这种追问没有意义，”大师说道，“海龟下面永远是海龟。”

计算机执行指令“DESIGN”的过程，就如同无穷多个巨大的海龟堆叠在一起的情形，因为计算机不够智能，它无法预知这是一个永无止境的过程。在这个程序被中断之前，它会一直运行下去。这个例子反映了计算机程序的一种常见特征——无限循环。在通常情况下，程序员一不留神就会让程序陷入无限循环，而提前预判出何时会出现这种循环，则极其困难（我们会在后面章节详细讨论这一点）。不过，若想避免这种情况也不难，只要在程序中增加一个用于指定正方形数目的参数即可。

```
> TO DESIGN: NUMBER
> SQUARE
> RIGHT 10
> IF: NUMBER = 1 STOP ELSE DESIGN: NUMBER -1
> END
```

通过上面的定义，“DESIGN”程序会根据参数是否为 1 或者大于 1 来执行如下两项操作中的一个。指令“DESIGN1”只会画出一个正方形，而指令“DESIGN5”会先画出一个正方形，然后旋转，再执行指令“DESIGN4”。指令“DESIGN4”也会先画出一个正方形，然后再执行指令“DESIGN3”，以此类推，直至执行完指令“DESIGN1”，程序才终止。

这种带可变参数的递归定义可用于生成具有自相似结构的对象。一张包含自身图像的图像就是一种具有自相似结构的示例。这类结构通常被称为分形（fractal）。在现实世界中，自相似结构不会永远递归下去。例如，虽然树的每个分支看起来像一棵较小的树，而且这些分支的分支看起来像更小的树，但这种递归过程只会重复几次，最终的分支会非常小，不会再产生新的分支。

图 3-5 表示的是可以绘制树的递归 Logo 程序。这个程序会让你体验到计算机程序中蕴含的诗意，即屏幕上移动的海龟及其最后返回起点的画图方式在一定程度上模糊了这一主题。这段程序表达的大致意思是：“大树，一个上面长出两棵小树的主干；小树，一个主干而已。”

```
> TO TREE: SIZE
> FORWARD: SIZE
> IF: SIZE <1 STOP ELSE TWO-TREES SIZE / 2
> BACK: SIZE
> END
> TO TWO-TREES: SIZE
> LEFT 45
> TREE: SIZE
> RIGHT 90
> TREE: SIZE
> LEFT 45
> END
```

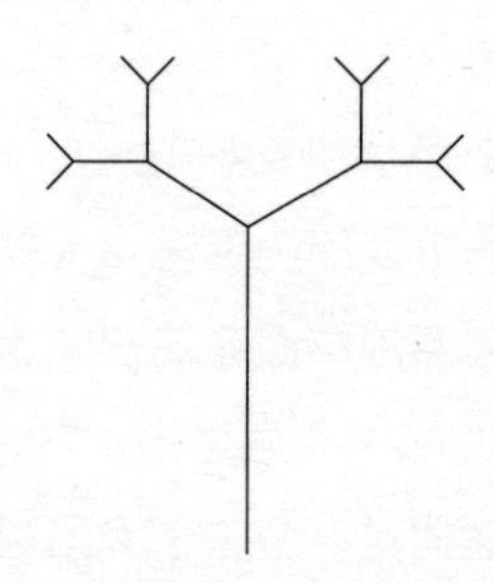

图 3-5　用递归 Logo 程序绘制的树

这种递归定义事物的技术具有很强大的功能。我们要处理的许多数据类型都具有递归结构，尤其是计算机程序本身。递归定义十分便于描述递归数据运算。典型的递归定义包含两个部分：第一部分描述了简单情形的运算，第二部分描述了如何将复杂的情形转化为更简单的情形。例如，在递归树的例子中，最简单的情形是参数小于 1 时的树，复杂的情形则是由树干和两个分支组成的树。

回文的定义是递归定义的另一个例子，其定义为：如果某个词的字母数少于两个，或者这个词的首字母和尾字母相同，且中间字母也是回文（递归定义），那么这个词就是回文。若想编写 Logo 程序来识别回文，最简单的方法就是使用这种递归定义。

计算机编程语言还包括 LISP、Ada、FORTRAN、C、ALGOL 等语言，其中大多数名称源于英文首字母的缩写。例如，FORTRAN 是 FORmula TRANslation 的缩写，LISP 是 LIST Processing 的缩写。尽管这些编程语言在词汇和语法等细节上与 Logo 语言有所不同，但它们都可以定义相同类型的程序。有些编程语言在定义递归运算和处理非数值数据方面的能力有所欠缺，例如 FORTRAN。有些编程语言允许程序员直接处理二进制表示的数据，这赋予了程序员更大的权力，但同时也增加了犯错误的可能性，比如 C 和 LISP。例如，在 C 语言中，虽然将两个字符变量相乘是可行的，但这一操作不具有实际意义，其结果取决于计算机使用的二进制编码方式。像 LISP 这样的编程语言不仅具备低级功能，还具备抽象功能。计算机学者盖伊·斯蒂尔（Guy Steele）曾说过："LISP 是一种高级编程语言，不过，你依然可以在指尖间感受到滑动的二进制位。"

新一代编程语言已经崭露头角，它们都是面向对象的，比如 Small-Talk、C++、Java。这些编程语言都将数据结构当作一个具有自身内部状态的"对象"，例如将在屏幕上绘制的图片，这些内部状态包含图片的位置、颜色等属性。这些对象可以接收来自其他对象的指令。我们通过下面这个例子来了解这种方法的有效性。假设你正在编写一款涉及弹跳球的图示游戏，屏幕上的每个球都被定义为不同的对象。该程序规定了弹跳球的行为准则，并明确了对象如何在屏幕上显示、移动、反弹，以及与游戏中其他对象交互。每个球虽然会呈现出相似的行为模式，但所处的状态略有不同，这是因为每个球在屏幕中有其自身的位置、颜色、速度、大小等。

面向对象的编程语言最突出的优点是：对象可以被单独定义并组合成新程序，如图示游戏中的各种对象。编写一个面向对象的新程序的过程，就如同将一群动物关进一个笼子中，并观察发生的事情。编程对象之间的交互作用造就了程序的行为。由于这个原因，加上面向对象的编程语言相对较新，因此你在用它编写安全第一的飞机自动驾驶系统时，要三思而行。

学习编程语言并不像学习人类语言那样困难。一般来说，一旦你学会了两三门编程语言，就能在几小时内掌握其他的编程语言。这其中的原因在于，编程语言的语法相对简单，词汇量很少超过几百个单词。不过，就像学习人类语言一样，理解了编程语言并不意味着就能将其用于实践。每种计算机编程语言的领域都有相应的大师，阅读这些大师的代码是一种享受。写得好的代码自有其风格和技巧，甚至幽默，也可能具有优美散文般的清澈明朗。

建立连接关系

如何使用有限状态机来执行用 Logo 等语言编写的指令呢？布尔逻辑能为这个问题提供答案。我们可以通过三个主要步骤在有限状态机和 Logo 程序之间建立连接。第一，给有限状态机加入一个名为内存的存储装置，它可以扩展有限状态机，这样，有限状态机就可以通知它存储要求完成的操作指令；第二，这个扩展后的有限状态机会执行用机器语言编写的指令，机器语言可以直接指定机器的动作；第三，机器语言将指导计算机解释编程语言（如 Logo）。本章的其余内容将会详细讲述上述过程是如何进行的，而且其详细程度将会远远超出理解本书其他内容之所需。因此，读者无须强迫自己理解所有的步骤，重要的是理解功能抽象的层次结构是如何构建起来的，本章最后一段总结了这一点。

实际上，计算机只是一种带有内存的特殊有限状态机（见图 3-6）。计算机的内存由寄存器构成，前者是用于存储数据的一列数组，就如同保存有限状态机状态的寄存器。每个寄存器保存一组二进制位，称为计算机字，有限状态机可以直接读取（或者写入）。一个计算机字包含的二进制位数因计算机而异，现代微处理器的二进制位数一般为 8 位、16 位或者 32 位。随着技术的进步，计算机的字长很可能会增加。常规的内存中包含的寄存器数目可达数百万甚至数十亿个，其中每个寄存器只存储一个计算机字。计算机每次只能访问内存中的一个寄存器，也就是说，有限状态机在每个周期中只能读取或者写入一个寄存器中的数据。内存中的每个寄存器都有一个不同的地址，即一组二进制位，用于存取寄存器，因此寄存器也被称为存储单元。内存中还包含布尔逻辑块，它们可以解码寄存器并选择数据读取或者写入的位置。如果在一个寄存器中写入数据，布尔逻辑块就会将新数据存储到该位置对应的寄存器中；如果要从寄存器中读取数据，这些布尔逻辑块就会将数据从该寄存器转移至内存的输出，该输出与有限状态机的输入相连。

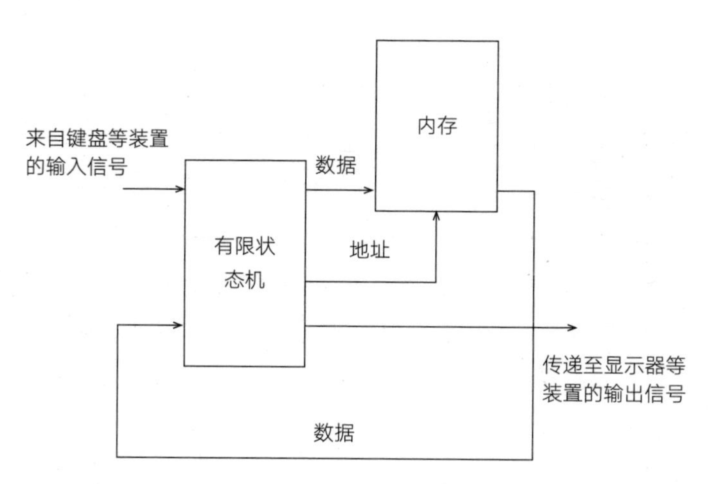

图 3-6　与内存相连接的有限状态机

存储在内存中的某些计算机字都是将要被处理的数据，比如数字和字母，有些则是有限状态机将要执行的指令序列。这些指令以机器语言的形式存储，如上所述，它们比常规的编程语言简单得多。有限状态机可以直接翻译并执行机器语言。在这里所描述的计算机中，机器语言记录的每个指令都存储在内存的单独一个计算机字中，指令序列则存储在由按顺序编号的存储单元组成的块中，这些机器语言指令序列是计算机中最简单的一种软件。

有限状态机会反复执行这种运算序列：首先，从内存中读取一条指令；然后，执行这条指令规定的运算；最后，计算下一条指令的地址。有限状态机的布尔逻辑块中内置了执行该运算的状态序列。每个指令本身是一组具有特殊模式的二进制组，它们能驱动有限状态机对内存中的数据执行各种操作。比如，加法指令就是一类特殊的二进制组，它可以对内存中某两个寄存器的数据执行加法运算。在识别出加法指令后，有限状态机将会进行一系列状态转换，并完成这些运算：从内存地址中读取加数，然后对两个加数求和，最后将结果写回内存。

大多数计算机中的指令分为两种基本类型：处理指令和

控制指令。处理指令可以从内存中读取和写入数据，并会组合数据以完成算术和逻辑运算。存储单元或者寄存器通常由处理指令来设定。通常而言，处理指令能够直接访问的寄存器只有少数几个，其余寄存器都是通过间接的方式被访问的，因为它们的地址存储在其他寄存器中。例如，一个 Move（传送）指令会将寄存器 1 中的数据移动至寄存器 2 所指定的地址。如果寄存器 2 存储的一组二进制位代表的数字为 1234，那么该数据就会被移动至寄存器 1234 中去。其他的处理指令也会将不同寄存器之间的数据组合起来。还有一些处理指令可以对寄存器中的二进制位组执行布尔运算，比如逻辑块“与”“或”“非”等。

控制指令确定了将取出的下一条指令的地址。该地址存储在被称为程序计数器的特殊寄存器中。在通常情况下，指令是按顺序从连续的存储单元中取出的。因此，每取出一个指令，程序计数器中的地址就会加 1。控制指令允许将其他数字加载至程序计数器中，进而改变将要执行的指令序列。最简单的控制指令是 Jump（转移）指令，它将特定的地址存入程序计数器中，然后从这个新地址中获取下一条指令。Jump 指令的变体为条件 Jump 指令，即只有当某个条件得到满足时，比如两个寄存器中的数据相等，才会将另一个地址写入程序计数器中。如果条件不满足，那么条件 Jump 指令就不会生效，下一条指令仍按原顺序获取。

如果需要反复执行相同的指令序列，则可以在指令序列结束时加入一个条件 Jump 指令，使程序计数器返回开始处，这样便可周而复始，执行任意多次。这种运算方式被称为循环，我们已经在介绍 Logo 编程语言时举过一例了。如果需要将指令序列重复执行 10 次，则可以用一个寄存器记录循环迭代的次数。

不同型号的计算机可以识别的指令有所不同。多年来，计算机设计者一直在争论，什么样的指令集最好。其争论的焦点在于以下两种指令集哪种的优点更明显。一种是精简指令集计算机（RISC），其指令集的功能比较简单，数目最少；另一种是复杂指令集计算机（CISC），其指令集的数目较多，功能强大且复杂。不过，关于这两种指令集的争论并不会影响到程序员的设计，因为任意一种合理的指令集都可以模拟出任何其他的指令集。从过往的经验来看，某种类型的计算机在商业上的成功似乎与其指令集的复杂度或内部设计细节没有关系。实际上，在计算机设计者看来，一些最成功的指令集设计得并不好，比如大多数个人计算机所用的微芯片。

计算机的设计细节对计算机用户来说并不重要。

指令集的复杂度无关紧要的一个原因与子程序有关。子程序允许指令序列可以在程序的许多位置被反复使用。实际上，程序员可以通过调用子程序来使用其他指令序列定义新指令。程序通过 Jump 指令来调用子程序，这个 Jump 指令能够将子程序的地址写入程序计数器中；在此之前，计算机会预先将程序计数器中的原先内容保存至一个专门的内存地址中。当子程序结束后，另有一条指令会读取该返回地址，并转回至原程序调用时的位置。

调用子程序的这一过程可以递归执行，也就是说，子程序序列可包含转向自身中子程序的 Jump 指令，以此类推。在以递归方式定义的函数中，子程序甚至可以调用自己。为了跟踪子程序的嵌套调用过程，计算机需要一种保存返回地址的系统化方法，以便子程序在结束时知道返回的位置。然而，将所有返回地址保存在同一特殊位置并不可行，因为嵌套调用子程序时需要记录的返回地址不止一个。通常，计算机会将返回地址存储在一组被称为堆栈的连续地址中。最新的返回地址则存储在“栈顶”。内存堆栈的工作原理类似于一叠盘子，其添加和移除工作都在顶部进行。这是一种后进先出的存储系统，它完美地适配了嵌套子程序返回地址的存储过程，因为一个子程序在其所有嵌套子程序全部执行完毕之前是不会结束的。

有些子程序的作用不可或缺，因此一直装在计算机中。这类子程序的集合被称为操作系统。操作系统子程序的功能包含读取键盘上键入的字符、在屏幕上显示线条，以及与用户交互等。计算机的操作系统决定了用户界面的大部分外观和体验，它也是负责管理计算机与运行程序之间的接口，因为操作系统的子程序能给程序提供比机器语言指令更丰富、更复杂的操作集合。

实际上，只要相同的一组二进制位产生相同的效果，程序并不在乎功能实现的途径是计算机硬件还是操作系统（软件）。当同一个程序运行在两台不同类型的计算机上时，一台计算机可能通过硬件来完成运算，而另一台则通过操作系统来完成运算。同样，同一型号的计算机的操作系统可以模拟出另一种型号的计算机的所有指令集。计算机制造商有时会用这种模拟方法使新旧型号的计算机保持一致，这样就无须修改旧版软件，即可直接运行。

操作系统通常包括执行输入和输出功能的所有子程序，也就是说，程序通过这些功能与外界进行交互。通过将计算机内存中的某些地址与诸如键盘、鼠标等输入装置，以及诸如视频显示终端等输出装置相互连接起来，我们便可以实现这种交互功能。例如，如果键盘上的空格键与寄存器 23 相连，那么当按下空格键时，从寄存器 23 中读取到的数字是 1，反之则为 0。某个寄存器可能控制着屏幕上某一像素点的显示色。如果屏幕上每个点显示的颜色数据存储在不同的内存地址中，那么计算机只需向内存中写入合适的图像数据，即可在屏幕上显示与之对应的图案。

除了输入和输出机制之外，我们上面所讲的计算机只是一个简单的、与内存相连的有限状态机，完全可以借助第 1 章和第 2 章中提到的技术，用寄存器和布尔逻辑块组装而成。虽然控制计算机的有限状态机非常复杂，但从原理上来说，它与控制交通信号灯的有限状态机并无区别。计算机的设计就是去规划每一条指令涉及的内存数据、地址和状态序列等详细信息，然后用布尔逻辑实现这个状态表。有限状态机和内存都是由寄存器和逻辑块组成的，因此这两者都可以通过电子技术、液压技术和滑动杆等多种方法来实现。

翻译语言

到目前为止，我们已经在技术和指令之间建立了一系列连接。程序由词汇写成，指令由二进制位组构成。那么，在这种情况下，机器指令如何执行用编程语言（例如 Logo）编写的程序呢？答案在于计算机执行翻译的过程。

计算机执行翻译的过程和人类语言的翻译过程类似。假设有一名耐心细致的翻译员正在翻译一份用陌生的语言编写的文档，并且所使用的字典也是用这种陌生的语言编写的。当他碰到未知单词时，可以查询字典，如果在词语的定义中又碰到了未知单词，可以继续查询字典。这个过程可以持续地进行下去，直到这名翻译员能读懂定义中所有词语的含义。在这个例子中，翻译员的字典相当于计算机程序，计算机能读懂的词语则相当于前面我们提到的编程语言的原语。这些原语被直接定义为简单的机器指令序列。例如，当计算机查询 Logo 语言中“FORWARD”原语的定义时，就会找到可以在屏幕上画直线的机器指令序列。

若想了解计算机如何将 Logo 语言中的原语翻译成机器语言，你最好先了解一下计算机在内存中表示 Logo 程序的方法。在计算机内存中存储 Logo 程序的一种方法是，将程序字符存入一段连续的内存地址中，且每个内存地址中只存储一个字符。计算机内存中保存有一份对应于指令名称的指令序列的地址表。这份地址表存储于内存中，而且在地址表中，指令名称和指令序列是一一对应的。对于给定名称的指令，计算机可在表中查询该名，找到它的地址，进而找到具有此名的对象的存储单元。当计算机执行某个特定命令时，就会在地址表中查找这个命令的名称，并会找到其定义的存储地址。

在程序执行之前，计算机就可以完成查找程序对应的机器指令序列的过程。这一操作很节省时间，因为一个程序不只执行一次，同样的查询没有必要重复多次。如果大部分翻译工作在程序执行前便已完成，那么这类翻译就被称为编译，完成上述编译过程的程序被称为编译器。如果大部分翻译工作是边执行程序边进行的，那么这类翻译被称为解释，相应的程序被称为解释器。这两者之间并无一条明确的界线。

层次结构

现在，我们可以对计算机的工作原理做一个完整的总结了。虽然大多数读者总是很容易忘却具体的细节，但对于计算机的工作原理来说，记住每个细节并无必要，重要的是记住功能抽象的层次结构。

程序规定了计算机执行的任务，前者是由编程语言编写的。通过一组被称为操作系统的预先定义好的子程序，解释器或者编译器会将编程语言转换为机器语言指令序列。这些指令序列存储于计算机的内存中，并且可以操作存储于内存中的数据。有限状态机可以读取并执行这些指令。这些指令和数据都以二进制位的形式存在。有限状态机和内存都由寄存器和布尔逻辑块构成，布尔逻辑块基于“与”“或”“非”这些简单的逻辑功能构建而成，而这些逻辑功能可以通过开关来实现。开关以串联或者并联的方式相连，控制着某种物理介质，比如水、电等，而这些物理介质在开关之间传递着两种可能的信号之一，即 1 或 0。这就是计算机得以运行的功能抽象的层次结构。

THE PATTERN ON THE STONE

04 图灵机的通用性

关于计算机能做和不能做什么的问题一直是人们关心的热点话题：计算机的能力极限是什么？计算机会不会威胁到人类“万物之灵”的地位？

计算机的能力极限是什么？所有计算机必须由布尔逻辑和寄存器构成吗？或者，是否存在其他类型且功能更强大的计算机？这些问题将我们引入本书最具哲学意味的主题：图灵机、可计算性、混沌系统、哥德尔的不完备定理以及量子计算机。这些主题涉及一个热点话题，即计算机能做什么以及不能做什么。

因为计算机的一些行为方式与人类的思维过程十分相似，因此有些人担忧计算机会威胁到人类独为万物之灵的地位。还有些人试图用数字来证明计算机能力的局限性，以寻求慰藉。人类历史上曾发生过类似的争论。比如，曾经有一段时间，人类坚信地球是宇宙的中心。实际上，我们想象出的中心位置是人类价值的象征。当发现我们所在的星球并非处于宇宙中心，而只是围绕太阳旋转的众多行星之一时，许多人感到苦恼不安。随后，天文学的哲学意义变成争论的焦点。另一个类似的争论是关于进化论的。进化论也被视为对人类独特性的威胁。早年的这些哲学危机源自对人类自身价值的错误认知。我坚信，目前关于计算机能力极限的大部分争论同样源于类似的错误认知。

图灵机

计算理论的核心思想是通用计算机，这是一类足以模拟任何类型的计算装置的计算机。我们在前几章讨论过的一般用途的计算机就属于通用计算机。实际上，我们在日常生活中遇到的大多数计算机都是通用计算机。只要安装了合适的软件，拥有足够多的时间和存储，任何通用计算机都可以模拟其他类型的计算机，或者我们所知的任何信息处理设备。

这种通用性原理产生的一个结果是，两台计算机在能力方面唯一重要的区别在于它们的运算速度和内存大小。虽然各种计算机所连接的输入和输出设备各有不同，但这些外部设备并不是计算机的关键特征，甚至没有计算机的大小、价格和外部颜色等特征重要。从本质上来说，所有类型的计算机和通用计算设备在能做哪些事上是基本相同的。

1937 年，英国数学家艾伦·图灵（Alan Turing）提出了通用计算机的概念。像许多其他计算机先驱一样，图灵对制造一台会思考的机器很感兴趣，并且提出了一种设计通用计算机的方案。图灵将设想的装置称为“通用机”，因为当时“计算机”（computer）一词特指那些“执行计算任务的计算员”。

为了更具象地描绘出计算机的计算原理，我们设想这样一个场景，有一位数学家正在纸质卷轴上进行数学运算。假设这条卷轴的长度是无限的，所以不必担心因缺纸而无法记录运算数据的情况。只要计算问题可解，那么无论它涉及多少步运算，数学家都能将其解答出来，尽管这么做会花费大量时间。图灵证明，只要按照一套在纸上读写信息的简单规则，一个头脑愚笨但细致的职员也可以完成聪明的数学家所做的任何计算。实际上，他证明在计算这件事情上，有限状态机可以代替人类。有限状态机每次只查看卷轴上的一个字符，因此我们最好将纸质卷轴想象为一条细长的纸带，其中每行只有一个字符。

如今，我们将有限状态机和无限长的纸带的结合体称为图灵机。图灵机中的纸带类似于现代计算机的内存，两者的功能大致相同。有限状态机所做的事情只有两件：在纸上读取或写入字符，以及根据简单的固定规则来回移动。图灵还证明，任何可计算的问题都能通过在图灵机的纸带上读写字符解决，这些字符不仅可以描述问题本身，还可以指明问题的解决方法。图灵机的求解方式是，不断地在纸带上前后移动、读写字符，并计算答案，直到答案出现在纸带上。

我觉得图灵构想的模型难以理解。对我来说，带有内存而非纸带的传统计算机更能轻易地解释清楚什么是通用计算机。例如，我更容易理解如何通过传统的计算机编程来模拟图灵机，反之则不然。令我感到惊叹的不是图灵构想出来的模型，而是他提出的假设，即只存在一种类型的通用计算机。据我们所知，物理世界中的任何设备都不会比图灵机拥有更强大的计算能力。更准确地来说，只要具备足够多的时间和存储空间，任何一种通用计算机都能完成所有物理计算装置所能完成的计算任务。这是一个了不起的结论，它暗示了只要我们在通用计算机上进行合理的编程，就有可能模拟出人类大脑的功能。

计算能力等级

图灵的假设为何得以成立？有些类型的计算机的功能确

实比我们所提到的计算机更为强大。目前为止，我们所讨论的都是二进制的计算机，也就是说，它们用 1 和 0 表示一切。如果计算机采用包含三种状态的逻辑来表示一切，比如“是”“否”“可能”等，那么它的计算能力是否会更强大呢？答案是否定的。我们已经知道，三态逻辑计算机的功能不会比双态逻辑计算机更强大，因为我们可以使用后者模拟出前者。双态逻辑计算机可以模拟出三态逻辑计算机所能执行的所有运算，方法就是用一组二进制位对三种状态分别编码，比如用 00 表示“是”，用 11 表示“否”，用 01 表示“可能”。三态逻辑计算机中的每种可能的功能都可以在双态逻辑计算机中找到对应的功能。不过，这并不意味着三态逻辑计算机不具备任何实际应用层面的优势。实际上，这类计算机所需的电线更少，因此体积更小，造价更低廉。不过，我们可以肯定的是，三态逻辑计算机并不是一种创新，而是另一种版本的通用计算机。

同理，四态逻辑计算机、五态逻辑计算机以及任何有限态逻辑计算机也是如此。那么，如果计算机采用模拟信号来进行计算，情况又如何呢？换言之，这种信号具有无数多种可能的数值。例如，假设一台计算机用一段连续的电压值范围来表示数。对应于连续分布的电压值，每个信号都能携带无数种信息，而不仅仅是两种、三种或五种。例如模拟计算机可通过 0 ～ 1 伏特之间的电压表示 0 ～ 1 之间的数。只要电压值足够精确，无论这个分数有多少位小数，分数的表示都可达到任意精度。

不过，采用模拟信号来表示定量数值的计算机确实存在。事实上，最早的计算机就是以这种方式工作的。为了区别于前面所说的数字计算机，它们被称为模拟计算机。数字计算机中的信号只包含几种离散的信息。有些人可能会认为，模拟计算机的功能更强大，因为它们用连续的值来表示数据，而数字计算机只能用离散的值来表示数据。实际上，模拟计算机并无特别优势，因为真正的连续流在物理世界中是无法实现的。

模拟计算机的缺点是，它们的信号精度是有限的。所有类型的模拟信号都会包含一定量的噪声，比如电子信号、机械信号和化学信号等。也就是说，当达到一定精度后，信号基本上是随机的。所有的模拟信号都会受到许多不相关的和未知噪声源的影响。例如，电子信号会受到电线中分子的随机运动的干扰，或者受到邻居房间中灯亮起时产生的磁场的干扰。虽然在良好的电路中，这种噪声可降至很低的水平，比如信号本身的百万分之一，但它依然存在。因此，虽然信号拥有无数种强度水平，但真正起到有意义的区分作用（即表示信息）的信号数目却是有限的。如果信号中有百万分之一的噪声，那么对于信号来说，只有约一百万种有意义的差异。因此，用一个 20 个二进制位的数字信号可以表示出信号中的全部信息（2^{20}=1 048 578）。若想让模拟计算机中的有意义的差异翻倍，就必须将所有东西的精确度都提高一倍。然而，对于数字计算机来说，只需增加一个二进制位即可。目前性能最好的模拟计算机的精确度不超过 30 个二进制位。由于数字计算机通常会用 32 位或者 64 位来表示数，因此数字计算机产生的有意义的差异比模拟计算机更高。

有些人可能会反驳，虽然模拟计算机中的噪声看起来没有意义，但也并非毫无用处。我们当然可以设想噪声有助于计算，例如，我们接下来要讲的随机数。不过，如果计算中涉及随机性，数字计算机也能生成随机噪声。

随机数

数字计算机如何才能产生随机性呢？像计算机这样的确定性系统能否产生真正意义上的随机数序列？严格来讲，答案是否定的。因为计算机中的一切都取决于其设计和输入。对于轮盘机来说也是如此，毕竟，球最终停下来的位置取决于球的物理特性（质量、速度）以及轮盘机的物理因素。如果我们能掌握轮盘机的具体设计信息、控制轮盘转动的“输入”和球的投掷，就能预测出球会落在哪一个数字上。由于球的运动并无明显的模式可循，所以结果是随机的，在实践中难以预测。

和轮盘机一样，计算机可以产生相同意义上的随机数序列。实际上，计算机可以基于数学模型模拟出轮盘机的物理结构，并每次以略有不同的角度投掷一个模拟球，从而产生随机数序列中的某个数。即使计算机投掷模拟球的角度遵循相同的模式，但动态模拟轮盘机的过程会将这些微小的角度差异转换为无法预测的序列。这种数的序列称为伪随机数序列，因为其随机性只有对计算过程一无所知的观察者来说，才是随机的。由伪随机数发生器产生的序列，可以通过所有标准的随机性统计测试。

轮盘机是物理学家称之为混沌系统的一个例子。在这个系统中，初始条件（比如投掷、球的质量、轮盘的直径等）的微小扰动会对系统的最终状态带来巨大影响。混沌系统的概念解释了为何一个确定性的交互系统中会出现不可预测的结果。在计算机中，有比模拟轮盘机更简单地生成伪随机数序列的方法。不过，在概念上，这些方法与轮盘机模型是相似的。

如同物理世界中的万物，计算机既是可预测的，也是不可预测的。虽然它们都遵循确定性原则，但这些原则导致的复杂结果很难预测。在计算机完成某件事之前，我们难以预测它将会做什么。与物理系统一样，计算很容易变复杂。在计算机中，混沌系统随处可见，其结果敏感地取决于初始条件。

可计算性

尽管通用计算机可以计算其他所有类型的计算装置能做的计算，但有些问题本身就是不可解的。当然，有些定义模糊的问题，比如“生命的意义是什么”，或者缺乏数据支持的问题，比如“明天彩票的中奖号码是什么”，其答案无法通过计算得出。不过，有些定义明确的计算问题也无法通过计算解决，这类问题被称为不可计算的问题。

我需要提醒大家的是，实践中几乎不会出现不可计算的问题。而且，我们很难找到一个定义明确且大家都愿意去研究的不可计算的问题。一个罕见的例子是停机问题，虽然这个问题定义明确，且有实际用处，却是不可计算的。假设我们现在要编写一个判断其他程序是否会在有限时间内停止工作的计算机程序。如果被检查的程序中没有循环和子程序递归调用，那么它必然会停止工作。然而，如果这个程序中满足上述条件，那么它可能会永远地运行下去。可以证明的是，并不存在一种算法可以检查并判定某个程序是否会陷入无限循环状态。此外，并不是没有人去寻找这一算法，而是这种算法根本不存在。停机问题是不可计算的。

若想了解这背后的原因，我们先假设找到了解决停机问题的程序，其名为“停机检测”程序。这一程序将被检测的程序作为输入。虽然将程序作为输入可能看起来很诡异，但这是完全有可能的，因为程序和其他事物一样，可以用二进制位来表示。将“停机检测”这个程序作为一个子程序嵌入另一个名为“悖论”的程序中，“悖论”程序将对自己进行停机检测。假设“悖论”程序所要做的事情就是做出与“停机检测”程序输出的决定相反的动作。如果“停机检测”程序判定“悖论”程序最终会停机，那么便会通过编程让“悖论”进入无限循环状态；如果“停机检测”程序判定“悖论”程序会进入无限循环状态，就会通过编程让“悖论”程序最终停机。由于“停机检测”程序和“悖论”程序两者存在矛盾，“停机检测”程序无法判定“悖论”程序是否会停机。因此，“停机检测”程序并不是对所有程序都有效，所以不存在一个可以解决停机问题的程序。

图灵设想的停机问题是一个非常重要的不可计算问题，实践中遇到的大多数不可计算问题都与它类似或者相同。虽然计算机无法解决停机问题，但这并非计算机的弱点，因为停机问题本质上是不可解的，因此也无法建造出能解决停机问题的机器。据我们所知，不存在其他装置能完成而通用计算机完成不了的计算。显然，数字计算机可以计算所有其他类型的装置能计算的问题。这个结论有时也被称为“丘奇命题”，以纪念图灵的同时代数学家阿朗佐·丘奇（Alonzo Church）。在他的研究基础上，数学家花费了大量时间来研究计算和逻辑问题。图灵、丘奇和另一位名为埃米尔·波斯特（Emil Post）的英国数学家几乎同时提出了通用计算机这一概念，这是一个体现科学同步性的典型案例。虽然他们采用的描述方法各不相同，但都于1937年发表了各自的成果，这为即将到来的计算机革命奠定了基础。

还有一个与停机问题密不可分的不可计算问题——判定

任何给定数学命题的真假。没有算法能够解决这个问题，这是库尔特·哥德尔（Kurt Goedel）于 1931 年证明的哥德尔不完备性定理中的一个结论，该结论的提出时间正好在图灵提出停机问题之前。哥德尔的定理使许多数学家大为震惊，因为在这之前，他们认为任何数学命题要么为真，要么为假。哥德尔的定理表明，在任何一个足以描述算术运算的逻辑自洽的数学体系中，一定存在着既不能被证实也不能被证伪的命题。数学家向来视证明命题的真假为天职，而哥德尔的定理却证明，他们的工作在某些情况下是不可能完成的。

一些数学家和哲学家将所有的未解之谜都归咎于哥德尔不完备性定理。还有少数人认为，这条定理证明了在某种程度上，人类的直觉超越了计算机的能力，因为人类能够通过直觉推导出机器无法判定真假的事实。从感情色彩上来说，这个论调很吸引人，那些不喜欢将计算机和人类相提并论的哲学家有时会抓住这个论点不放。然而，这个论点是靠不住的，无论人类是否能完成计算机所不能完成的直觉上的跳跃，哥德尔不完备性定理都没有说明，存在数学家能证明但计算机无法证明的数学命题。据我们所知，凡是能由人类证明的定理，计算机也能证明。计算机无法解决的不可计算问题，人类也无法解决。

尽管我们很难找到不可计算问题的具体例子，但可以轻易地证明大多数数学函数都是不可计算的。这是因为，所有程序都可以通过有限位的二进制位来表示。不过表示一个函数需要无数位的二进制位，因此函数要远多于程序。我们可以考虑一下那些将一个数字转换成另一个数字的数学函数，比如余弦函数或者对数函数。数学家总能定义出各种奇怪的函数。比如，将十进制数转换成其位数之和的函数。在我看来，这个函数毫无用处，但数学家认为这是一个正规的函数，因为它能将一个数字转换成另一个数字。应用数学可以证明：函数是无限的，远远多于程序。因此对于大多数函数来说，没有对应的程序可以计算它们。如果对函数和程序进行实际计数，会遇到各种困难，比如计算无限的事物，区分不同程度的无限性等。不过，这个结论是正确的，因为统计表明：大多数数学函数是不可计算的。幸运的是，几乎所有这些不可计算的函数都没有用处。实际上，我们想计算的函数都是可计算的。

量子计算

如前所述，计算机产生的伪随机数序列看起来是随机的，但实际上是由一个潜在的算法产生的。如果你知道序列的生成过程，那么这个序列必定是可预测的，而不是随机的。如果我们需要一个无法预测的随机数序列，就必须在通用计算机中添加一个能产生随机性的非确定性装置。

有些人认为，这种随机性生成装置是一种电子式的轮盘机。然而，正如我们所看到的，由于物理规律的限制，这种装置并不是真正随机的。唯一能真正产生不可预测的结果的方法是依靠量子力学。在关于轮盘机的经典物理学模型中，原因决定了结果。然而，量子力学与之不同，它产生的结果是完全随机的。例如，一个给定的铀原子何时会衰变为铅原子，这是不可预测的。因此，我们可以用一个盖革计数器来生成真正的随机数序列。从原理上来说，这是通用计算机永远无法做到的。

量子力学引出了一系列关于通用计算机的问题，目前无人能给出答案。初看起来，量子力学与数字计算机非常拟合，因为“量子”与“数字”两词传达了相同的理念。量子现象与数字现象一样，只存在于离散状态之中。从量子的角度来看，物理世界呈现出来的连续和模拟的特性，比如电流的流动，只是我们在比原子尺度更宏观的尺度上的所见所闻导致的错觉。好消息是，在量子力学的世界中，原子尺度上的一切都是离散的，一切都是数字化的。电荷由一堆电子组成，而电子不能再被分割。坏消息则是，在微观尺度下，物体之间相互作用的物理规律是违反常识的。

举例来说，常识告诉我们，同一个物体不可能同时出现在两个地方。然而，在量子力学的世界中，这并不完全正确，因为没有任何物体所处的位置是完全精确的。一个亚原子粒子可以同时存在于所有的空间，只是我们在某一地点观测到它们的概率高于其他地点而已。在大多数情况下，我们可以认为粒子就位于我们观测到它们的那个地方，但为了解释我们观察到的所有现象，我们必须承认粒子的位置不止一个。几乎所有人都难以理解这个概念，包括许多物理学家。

我们可以利用量子效应制造出更强大的计算机吗？目前为止，这个问题依然没有答案，但有迹象表明，这是有可能的。原子似乎更擅长于解答某些问题，比如原子之间是如何相互作用的，而这些问题恰恰是传统计算机难以解答的。例如，当两个氢原子和一个氧原子结合形成一个水分子时，这些原子就以某种方式计算出了两键之间的角度应该为 107 度。根据量子力学原理，数字计算机也可以大致计算出这一角度，但需要耗费很长的时间。而且，若想计算结果越准确，所用的时间就越长。然而，一杯水中的每个分子几乎可以瞬间完成此运算。为何单个分子的运算速度比数字计算机快得多呢？

计算机计算这个量子力学问题之所以需要很长时间，原因在于，它必须考虑该水分子的无数多种可能的原子组态，才能得出精确的答案。同时，计算过程中还要考虑这些因素：构成水分子的原子可以同时处于所有的组态。这是计算机在有限时间内只能得到近似答案的原因。为了解释水分子为何能完成同样的计算，我们可以假设水分子能同时得出所有的原子组态，换句话说，它采用了并行计算的方式。我们能否利用量子力学对象的这种并行计算能力制造出更强大的计算机呢？无人知晓确切的答案。

最近出现了一些引人关注的迹象，我们似乎可以利用一种被称为量子纠缠的现象制造出量子计算机。在量子力学系统中，当两个粒子互相作用时，它们的命运就会连接在一起，这种连接方式超出了我们在经典物理世界中的认知。当我们测量其中一个粒子的某些属性时，会干扰到另一个粒子的测量值，即使这两个粒子在物理空间上相隔甚远。爱因斯坦称这种没有时延的物理效应为“远距离作用的幽灵”，他对世界竟然以这种方式运行而感到不快。

量子计算机可以利用量子纠缠效应来建造，这样一来，一个二进制位的量子寄存器存储的不再是一个 1 或者一个 0，而是许多个 1 和 0 的叠加态。这种情况类似于一个原子同时存在于多个地方，一个二进制位也可以同时处于多种状态（1 或 0）。不过，这种叠加态区别于 1 和 0 之间的中间态，因为 1 和 0 叠加之后还能与量子计算机中的其他二进制位产生纠缠效应。当两个这样的量子二进制位在量子逻辑块中组合时，它们产生的叠加态会以不同的方式相互作用，进而产生更为丰富的纠缠行为。因此，单个量子逻辑块可以完成的计算量非常大，甚至可能是无限的。

虽然量子计算背后的理论已经相当成熟，但在使用它的过程中仍然存在一些问题。比如，我们如何利用量子计算来实现有价值的计算？物理学家彼得·肖尔（Peter Shor）提出了一种方法，它可以利用量子效应来完成某些意义重大且难度很高的计算，比如大数因式分解的计算。这一工作重新点燃了人们对量子计算机的兴趣。不过，前进的道路上依然存在许多困难，其中一个便是，量子计算机中的二进制位必须始终处于纠缠状态才能使计算生效，一旦出现极小的扰动，比如由宇宙射线或者真空本身的噪声引起的扰动，就会破坏纠缠效应。是的，在量子力学中，即使真空的特性也很怪异。量子纠缠效应的丧失现象被称为脱散，它可能会成为量子计算机的致命弱点。此外，肖尔的方法似乎只适用于特殊类型的计算问题，这类计算需要用到被称为广义傅立叶变换的快速运算。经典的图灵机也能轻易地解决这一类问题；如果真是如此，肖尔的量子算法将无异于传统计算机中的某些程序。

如果量子计算机确实能同时搜索无限多种可能性，那么其计算能力将从本质上超过传统计算机。如果真的能够利用量子力学制造出比图灵机更强大的计算机，大部分科学家都会惊叹不已。然而，科学正是在一系列出人意料之中取得进步的。如果你希望出现一种令人惊叹的新型计算机，那么量子力学是一个值得关注的领域。

这将我们又带回到了本章开头所讨论的哲学话题：计算机和人类大脑之间的关系。这当然是可以想象的，因为至少有一位著名物理学家推测，人类大脑利用了量子力学效应。然而，没有任何证据证明事实就是如此。当然，神经元的物理特性取决于量子力学，就如同晶体管的物理特性取决于量子力学。不过，没有证据表明神经元的信息处理发生在量子力学这一级，而非经典物理学这一级。也就是说，没有证据表明必须用量子力学来解释人类的思维。实际上，我们可以在传统计算机上模拟出神经元中所有相关的计算属性。如果事实真是如此，那么我们也可以模拟出由数百亿神经元组成的神经网络。这也就意味着，我们能通过一台通用计算机模拟出大脑。即使事实证明，大脑得益于量子计算的优势，我们也有可能利用量子效应制造出对应的装置。在这种情况下，用计算机来模拟大脑仍是可能的。

计算机在理论上的局限性并不意味着人类和计算机之间存在一条有实际意义的分界线。实际上，大脑相当于一台计算机，而思维只不过是一种复杂的计算。虽然这个结论听起来可能很残酷，但在我看来，这丝毫不妨碍人类思维的非凡价值。“思维是复杂的计算”这一说法和生物学家所说的“生命是一种复杂的化学反应”一样，两者都是正确的，但并不完整。它们都说出了正确的那一部分，但忽视了其中隐藏的谜团。我认为，生命和思维都是从简单、易懂的事物中萌生而来的，这使它们变得更为奇妙。我不会因为自己与图灵机的亲密关系而感到人类是多么卑微。

THE PATTERN ON THE STONE

05 算法和启发式方法

计算机的算法是指一系列运算步骤，通常以程序的形式呈现，而每一种算法都可以通过不同的方式来实现。

在麻省理工学院读本科时，我有这样一位室友，他备有几十双袜子，每双袜子的颜色或样式都略有不同，在将所有干净的袜子穿完之前，他一般都不会洗袜子。因此，每次洗完袜子后，他都要完成一项艰巨的任务——给袜子配对。他是这么做这项工作的：先从一堆干净的袜子中随机抽出一只，然后再随机抽取另一只与第一只袜子进行比较，看是否匹配。如果配对失败，他会将第二只袜子扔回去，然后抽出另一只袜子。他会不断地重复这个过程直至找到一双匹配的袜子。然后，他会再拿出一只新袜子并重复这个过程。这种配对方式进度十分缓慢，因为需要翻看许多袜子，尤其是在开始阶段，需要翻看更多袜子才能配对成功。

室友当时正在攻读数学学位，他还选修了一门计算机类的课程。有一天，他把洗衣篮带进宿舍并宣布道："我决定利用更好的'算法'来配对袜子。"他的意思是采用一种完全不同的方法。他取出第一只袜子放到桌子上，然后取出另一只和第一只进行比较；如果这两只不是同一双袜子，他就把第二只袜子放到第一只旁边。现在他每次取出一只袜子，都会和桌上越来越多的袜子进行比较。一旦配对成功，就将它们绑在一起并丢进装袜子的抽屉里；当两者不匹配时，他就把这只袜子放到桌上的袜子中。自从他采用这一方法后，只需很短的时间就能将所有袜子分好类。他父母为他的大学教育花费了一大笔钱，如果知道他在实践中运用所学的新知识，一定会备感骄傲。

算法的保证性

算法是一种失效安全（fail-safe）[①] 机制，能确保达成既定目标，上述配对袜子的情况就是一种示例。“算法”一词来源于阿拉伯数学家阿尔－赫瓦里兹米（al Khwarizmi）的名字，他在 9 世纪写下了大量关于算法的著作。实际上，“algebra”（代数）一词来源于他一本书的书名 *al jabr*（移项）一词。阿尔－赫瓦里兹米提出的许多算法直到今天仍在被使

① 失效安全也被称为故障保险，是指一个设备或者事物即使在特定失效的情况下，也不会对人员或其他设备造成损害（或者将损害最小化），失效安全是安全系统的一部分。——编者注

用。当然，他写下这些算法时用的是阿拉伯文，这可能就是阿拉伯语被认为是具有神奇魔力的语言的原因。甚至有人认为“abracadabra”（咒语）一词是阿尔－赫瓦里兹米的全名（Abu Abdullah abu Jafar Muhammad inb Musa al-Khwarizmi）的误写。

计算机算法通常以程序的形式呈现。算法指的是一系列运算步骤，而不是这些运算步骤的方式。因此，同一种算法可以用不同的计算机语言来描述，甚至可以通过连接合适的寄存器和逻辑门，将算法直接嵌入到硬件中。

在通常情况下，许多不同的算法可以计算出相同的结果。正如配对袜子的例子，不同的算法完成同一任务所需的时间是不同的，但结果是一样的。某些算法还具有其他方面的优势，比如占用的计算机内存很小，或者所需的通信模式很简单，可轻易通过硬件来实现。在时间和内存需求方面，好的算法和差的算法的差别通常可以达到数千甚至上百万倍。有时，一个新算法能帮助你解决以前非常棘手的问题。

因为算法可以通过多种不同的方式来实现，并且可以应用于不同规模的问题，因此在得到具体问题的解决方案之前，我们无法通过测量算法的运行时间来判断算法的效率。算法的运行时间会随着实现方式和问题的规模的变化而变化。因此，我们通常根据完成任务所需的时间和问题的规模来评估算法的速度。在袜子配对的例子中，从洗衣篮中取出袜子的过程耗费了大部分时间，因此，根据每种算法取出袜子的次数和袜子总数的关系，我们就可以比较两种算法的速度。假设洗衣篮中袜子的总数为 n，在第一种算法中，找到一双匹配的袜子所需的取出和放回的平均次数为剩余袜子数目的一半，因此取出袜子的次数与袜子数目的平方成正比。在分析算法时，我们通常不用计算出准确的比例，只需知道算法的阶次为 n^2，这意味着对于输入规模很大的问题，计算所需的时间与输入问题的规模的平方成正比。如果袜子的数目增加 10 倍，那么第一种算法所需的时间将增加 100 倍。所以当袜子数目很大时，这不是一个好的算法。在第二种算法中，n 只袜子中的每只都只取出一次，因此算法的阶次为 n。如果你用第二种算法来配对 10 倍于原数目的袜子，完成任务所需的时间只是原来的 10 倍。

计算机编程最大的乐趣之一就是找到一种更快、更高效的新算法，尤其当许多资深专家都无法提出更优算法时。如果计算机科学家能为某种常见的问题找到更快的算法，那么他们会收获很多赞赏和荣誉，至少在计算机科学家的圈子里是这样。如果用差的算法来解决某个问题，可能需要数周，而好的算法可能仅需几分钟。因此，对于算法而言，胜人一筹的方式就是编写出一个新程序，计算出正确的解，而此时你的同事还在运用差劲的程序做计算。

一般而言，最好的算法并不是显而易见的。例如，如何将一副打乱的纸牌（顺序编号）按照升序的方式进行排序？一种方案是，先浏览全副纸牌并找到编号最小的那张，将其作为排序输出的第一张牌。接下来再在剩余纸牌中寻找最小编号的纸牌，然后将其放到第一张牌的上面。依次重复该过程，直到消除所有未排序的纸牌，将所有纸牌都按升序排列。在这个过程中，每找出一张纸牌都需要遍历整副纸牌。由于共有 n 张纸牌，而且每张牌都需要进行 n 次比较，因此算法的运行时间的阶次为 n^2。

如果我们知道纸牌是按从 1 到 n 进行编号的，那么就可以通过不同的方法对它们进行排序，比如采用递归定义的方法，这与第 3 章的 Logo 画树程序类似。以递归方式排序纸牌的方法如下：首先从头到尾浏览一遍纸牌，将比纸牌编号平均值小的纸牌移到下半区，比纸牌编号平均值大的纸牌移到上半区。然后使用同样的算法分别对两个半区进行排序，而且对这副牌的每一半递归地应用这一算法，即对半副牌的一半递归地应用这一算法，以此类推。每一轮迭代后，待排序的纸牌数目都会减半；当只剩最后一张牌时，递归过程结束，排序也结束。因为这个算法不断将纸牌分为两半，直到确定只有一张纸牌时为止，所以它所需的时间与 n 张纸牌被对半分开的次数成正比，即次数为“以 2 为底数的纸牌的对数”。所以这个算法的阶次为 $n\log n$。如果你不清楚对数的定义，请不用在意。它们的数值很小，可以忽略不计。

还有一种更巧妙的递归算法，它不需要对纸牌进行连续的按序编号。这种算法可以有效地用于处理按字母顺序排序的大量名片等类似问题。这种算法被称为归并排序，它虽然看起来难以理解，但十分美妙，我非常喜欢这种算法。归并排序基于这一事实：将两个已经排好序的序列合并为一个有序的序列十分容易，只需依次从其中一个序列的顶部取出排在首位的卡片。这个合并过程只是归并排序算法中的一个子程序，整个算法的工作流程是这样的：如果序列只剩一张卡片，那么这张卡片就已经排好序；否则，就将序列分为两半，在每一半上迭代使用归并算法，即对每一半进行排序，然后使用上述合并过程将两者组合。这就是归并排序算法的全部过程。如果这个过程听起来太过简单，你可以先在少数几张卡片上试试这个算法，比如从 8 张卡片开始。归并排序算法是展示递归方法的神秘力量和精妙之处的一个很好的例子。

如果一个排序算法（如归并排序算法）只需 $n\log n$ 步，那是非常高效的。事实上，这是最快的算法。不过，这个结论的证明不在本书的范围之内，实际上，其证明的推理十分有趣。我们可以通过统计 n 张卡片的排列数来说明这一点。根据这个数目，我们可以计算出为了将纸牌排好序，必须得到 $n\log n$ 个二进制位的信息。由于每次比较两张卡片只能生成 1 个二进制位的信息，比如第一张牌的编号大于第二张牌的编号，或者相反。因此，对 n 个数进行排序，至少需要进行 $n\log n$ 次比较。在这种情况下，归并排序算法不逊于任何算法。至于如何选择合适的排序算法，市面上有很多相关的书籍。在多数情况下，我们需要在排序中增加一些限制条件，或者已知排序对象的具体情况。最快的算法仍不得知。尽管如此，对于现有待解决的问题的规模来说，排序问题还是相对容易解决的。

旅行推销员问题是一个典型的难以求解的案例。假设一位旅行推销员需要访问 n 座城市，且给定每两座城市之间的距离，旅行推销员应该以何种顺序访问这些城市才能最小化旅行距离呢？没有人能找到阶次为 n^2、n^3 或者 n 的任意次幂的算法来解决这个问题。目前已知的最佳算法的阶次为 2^n，这意味着求解时间会随着问题规模的增加呈指数级增长。如果我们在旅行推销员的行程中增加 10 座城市，那么这个问题的难度会增加 1 000 倍（2^{10}=1 024）。如果我们再增加 30 座城市，问题的难度会增加 10 亿倍（2^{30} 约等于 10^9）。当问题规模变得更大时，这种指数算法的效率会变得很低。然而，对于旅行推销员问题来说，这已经是我们所知道的最快的算法了。即使目前世界上运行速度最快的计算机连续工作数十亿年，也无法及时找到几千座城市之间的最佳访问路径。

虽然旅行推销员问题看起来无关紧要，但事实证明，它与许多其他问题很类似，即所谓的 NP 完全问题（NP complete problem），其中 NP 代表“非确定性多项式”。如果这类问题能得到解决，将会大有益处。如果能找到旅行推销员问题的快速解法，便能得到这些问题的解法。例如，某些用于保护秘密信息的代码能被快速破译。使用这些密码的人一定希望永远不要找到旅行推销员问题的快速算法，而这很可能会成真。

在计算机领域，没有哪一种可预期的技术突破将有助于解决旅行推销员问题。因为即便计算机的运算速度提高 10 亿倍，只要增加几座城市就会被难住。指数算法的效率太低，无法用于解决大规模的问题。也许，只有发明一种新算法才可能有所作为。好消息是，至今仍无证据显示，并不存在解决旅行推销员问题的快速算法。在过去几十年内，这类算法的研究取得了重大进展，找到该问题的快速算法或者证明并不存在这种快速算法，仍然是计算科学界的圣杯。

解决问题的万能方法

尽管旅行推销员问题难以通过计算机求解，但它还不是最难求解的问题。有些问题的求解耗时远远超出指数级别。正如前一章所讨论的，算法无法解决不可计算的问题，而且，即便找到了某些问题的算法，它们也不一定是最优的方法。根据定义，算法必须确保完成任务，但确保成功的承诺通常需要付出很大的代价。在许多情况下，使用一种几乎总能得到正确答案的方法更为实际。通常来说，“几乎总能”已经足够好了。这种能够尽力给出正确答案，但并不确保给出的答案一定正确的规则被称为“启发式方法”。一般而言，更为实际的做法是使用启发式方法而非算法。例如，存在很多能有效解决旅行推销员问题的启发式方法，它们能快速地提供近似的最优路径。事实上，这些启发式方法得出的路径通常是最优的，尽管它们并不能完全保证做到这一点。在现实生活中，旅行推销员可能更希望拥有一个有效、快速的启发式方法，而非一个缓慢的算法。

国际象棋游戏是应用启发式方法的一个简单范例。一位具有编程天赋的程序员可能棋艺一般，但可以写出一个能够击败自己的国际象棋程序。这样的程序并不是一种算法，因为它并不能保证每局都赢。启发式方法会做出有根据的猜测，而好的启发式方法做出的猜测几乎都是正确的。最令人印象深刻的一些计算机行为往往来自启发式方法而非算法。哲学家虽然写下了很多关于“计算机局限性”的无稽之谈，但谈论的实际上只是算法的局限性。

若想编写出一款优秀的国际象棋程序，可以遵循如下启发式方法：

1. 通过统计棋盘上每种棋子的数目来评估双方的相对实力。

2. 走出会使自己在之后占据最优地位的那步棋。

3. 设想对方也会采取相似的策略。

上面的每条规则只是接近于理想的策略，并且在某些情况下，每条规则都可能是错误的。比如，下棋双方的强弱关系可能不仅取决于棋子的数目，还取决于棋子的位置。一颗处于好位置的棋子的作用通常比多一颗棋子的作用还要大。无论如何，第一条启发式方法通常是正确的，即在大多数情况下，拥有更多棋子总是更有利。早在计算机出现前，国际象棋选手就已经发明了一种简单的方法来为下棋双方的实力定量计分：兵为 1 分，象为 3 分，车为 5 分等，并用选手剩余棋子的总分值作为该场棋局实力的衡量标准。

基于这些启发式方法，你可以编写出一款国际象棋程序，该程序能计算出接下来几步合理可行的走法。当然，程序最好能够计算出从游戏开始到结束之间所有的走法。在井字游戏中，很容易实现这一点，而对于国际象棋来说，即使速度最快的计算机也难以实现这一点。在典型的国际象棋中局阶段，可供下棋双方的每种走法都能使对方想出 36 种可能的应对之法。由于国际象棋平均每局超过 80 步，因此计算机需要搜索的可能性数目约为 36^{80}，也就是 10^{124} 种可能性。即便运算速度最快的现代计算机耗时几百年，也无法完成这种规模的搜索过程。这个问题的关键点在于，可能的走法会随着下棋步数的增加呈指数级增长。因此，一般至多考虑前 5 ～ 10 步的走法。这就是为什么计算机需要使用上面列出的启发式方法来评估走法的原因。

我们暂且认为第二条启发式方法是正确的，也就是同意能使自己在几步之后处于最有利地位的走法是最佳的。假设国际象棋程序只考虑 6 步棋前的情况。根据第一条启发式方法，这个程序将统计 6 步之后双方棋盘上剩余的棋子数量，并根据上述计分系统打分，由此来评估双方的实力。无论双方处于何种态势，双方的相对实力按得分的高低来判定。

基于上述假设条件，程序应该如何走出最好的一步棋呢？计算机只根据对自己最有利的未来 6 步棋来选择第一步棋的走法是不够的，因为在这 6 步中，每隔一步棋的走法还决定于对方的走法。因此，我们必须假设对方始终会采取对他自己最有利的走法，这就是第三条启发式方法包含的假设。为了预测对手的走法，计算机必须将自己置于对手的位置。计算机在选择下一步棋时会评估自己所能采取的所有走法，同时还要评估对方可能会采取的应对之法，反之亦然。事实上，计算机会分别站在双方的位置，全面考虑双方在未来 6 步棋中所有可能的走法。程序会在计算机内存中的虚拟棋盘上尝试不同的走法，这就如同国际象棋大师在头脑中想象各种可能的走法。评估双方棋局形势的程序互为子程序递归调用。这个递归过程迭代 6 次后结束，此时计算机就会通过统计所剩棋子的数目来评估双方的分数。

大多数国际象棋程序还会采用其他的启发式方法，其目的是放弃一些不合理的搜索，或者在涉及棋子互换的分支中进行更深入的搜索。还有很多精细的系统不借助搜索便可以完成棋局评估。例如，有些系统会为能够控制中心或者保卫“国王”的棋子加分。每种启发式方法都只是一种猜测，在某些情况下，它们都能改善搜索效率，但代价是在其他情况下可能会犯错。经过各种改进，这个基本的搜索过程几乎是所有国际象棋程序的核心。国际象棋程序能利用计算机的运算速度优势来考虑上百万种走法，因而效率极高。在这上百万种走法中，总有一种会让程序员，甚至有经验的人类棋手感到意外。这种制造意外的能力能使计算机比程序员走出更好的棋。

在计算科学史上，国际象棋游戏机有着漫长且偶尔口碑不佳的历程。18 世纪，匈牙利发明家沃尔夫冈・冯・肯佩伦（Wolfgang Von Kempelen）通过一个下国际象棋的自动装置激发了全世界的想象力，这个装置很像一个机器人。后来的事实证明，这个机器之所以能运转，是因为其内部藏有一个会下棋的侏儒。1914 年，西班牙工程师路易斯·托雷斯·克韦多（Luis Torresy Quevedo）制造了一台机械装置，该装置可以在没有人类帮助的情况下，下一种简化版的国际象棋。20 世纪 40 年代末，克劳德·香农描述了如何用计算机编程实现国际象棋启发式走法的思路，其中用到的方法与上文列出的三条规则类似。尽管如此，直到很多年以后，计算机的运算速度才快到足以玩国际象棋这样复杂的游戏。这对不少哲学家来说是一个不小的打击，因为他们认为下国际象棋是人类心智所具有的独特能力。现代计算机利用同样的启发式方法击败了世界上最优秀的国际象棋棋手——1997 年，深蓝计算机击败了加里·卡斯帕罗夫（Garry Kasparov）。此后，哲学家又将争论转移到了其他领域。

简单的启发式方法之所以有效，是因为每步棋需要考虑的可能性相对较少。在跳棋中，每步需要考虑的可能性则更少。早在 20 世纪 60 年代，基于启发式方法的机器就开始击败人类冠军。不过，在中国和日本的围棋游戏中，人类选手仍然处于统治地位，① 因为 19×19 的棋盘更大，可以提供

① 不过在 2016 年，谷歌旗下 DeepMind 公司开发的人工智能系统 AlphaGo 战胜了世界围棋冠军李世石。——编者注

更多种可能的走法。相比于国际象棋，我更喜欢玩围棋，因为启发式方法在后者中所起的作用更小，我不至于因急躁而处于下风。

适应度地形

这种利用启发式方法搜索一系列可能性的做法在计算机程序设计中随处可见，这种方法还能应用于比游戏更重要的领域。启发式方法是计算机解决某些问题时发现“创造性”的解的常用方式，这类问题的解存在于数量巨大但有限的可能性集合之中，被称为搜索空间。国际象棋的搜索空间是所有可能走法的集合；旅行推销员问题的搜索空间是旅行推销员历程表中各个城市之间所有可能的路线。因为这些空间很大，难以穷举，因此可以使用启发式方法缩小搜索的范围。如果搜索空间本身就比较小，例如井字游戏，那就应该优先选择穷举式的搜索方法，因为这样能保证找到正确的答案。

通常来说，搜索空间之所以很大，是因为简单元素的组合产生了各种可能性，比如国际象棋中的每种走法、旅行推销员问题中各个城市之间的每条路径。元素的组合会致使可能性的“组合爆炸”，这里的“爆炸”是指可能性数目随着组合元素数目的增加而呈指数级增长。由于元素的组合形成了各种可能性，因此搜索空间内有一种距离感，有些组合之间享有相同元素，它们之间的关系比其他没有共享元素的组合更为“紧密”。这是搜索空间又被称为“空间”而不仅是“可能性集合”的原因。为了进一步说明这种类比关系，我们可以设想可能性集合位于一个二维平面上，这个平面有时被称为“适应度地形”（fitness landscape）。每种解的可取性或者得分由地形上的某个高度来表示。如果相似的可能性具有相近的分数，那么相近的点也具有相似的高度，因此这个地形中会有界限分明的丘陵和山谷。在这个类比中，找到最优解的方法就相当于找到最高的山顶。以旅行推销员问题为例，我们可以将地形上的每个点想象为旅行推销员制定的一个行程路线，每个点的高度代表旅行推销员的行程距离，其中更高效的行程路线对应的是最高的山顶。所以，代表行程最短的点位于最高的山顶上。

最简单的空间搜索方法是，比较随机选择的两个点，并记录找到的最佳点。这种方式的搜索范围虽然会受到时间的限制，但能应用于所有类型的空间。这相当于将侦察兵空降至不同的地点，并要求他们报告自己所在位置的海拔高度。显然，这种寻找山顶的方法的效率并不高。如果搜索空间非常大，那么在一段时间内只能搜索到小部分的可能性，而且找到的最佳点也可能不是全局最优的。

在类似于旅行推销员问题的搜索空间里，相近的点可能具有相似的分数，在这样的搜索空间中，更好的一种路线搜索方式是从某点出发搜索其临近点。正如在丘陵地形中，走上坡路才是最好的登顶方法，对应的启发式方法就是在搜索空间中选择局部范围内的最优解。例如，在旅行推销员问题中，计算机通过对调行程中某两个城市的次序，便可以变换最优解。如果改变城市的次序会缩短行程距离，则将它当作更好的解（向上坡迈了一步）；否则就放弃，尝试新方案。这种搜索方法就像在搜索空间中漫游，始终朝上坡方向前进，直至到达山顶。到达山顶以后，再交换任何两个城市的次序都无法得到更好的解。

这种方法被称为爬山法，其缺点在于，你到达的山顶不一定是地形上的最高点。爬山法是一种启发式方法而非算法。还有一些与爬山法相似的启发式方法，它们能降低你困在某个山麓的概率。例如，你可以从不同的随机地点多次重复爬山过程，也就是说，你可以命令那些空降兵登山；或者，为了避免被困住，你可以后退一步。还存在很多种不同的方法，每种都有其自身的优点和缺点。

像爬山法这样的启发式方法能够很好地解决旅行推销员问题，它能在很短的时间内得到令人满意的答案。即便涉及的城市有几千座，通常也可以从一个合理的猜测出发，利用爬山法不断改进，从而找到更好的解。那么，为什么旅行推销员问题如此难以解决呢？虽然我们几乎总能用启发式方法得到几乎最优的行程路径，但“几乎总能有效的方法”并不是一种算法。每隔一段时间，就会有人宣称“解决”了旅行推销员问题，并带来一阵喧嚣。实际上，只不过是提出了一种新的启发式方法。对于旅行推销员问题来说，其困难不在于找到高效的启发式方法，而是找到高效的算法。

对于很多问题来说，我们并不会每次都得出完全正确的答案，而是会接受一个不太完美的答案。即使我们想得到一个完美的答案，也可能无法承担时间成本。对于这些问题，计算机可以给出一个有理有据且考虑周全的解。因为计算机能够考虑数量庞大的组合和可能性，其得出的推测往往会为程序员带来惊喜。当计算机使用启发式方法时，它既能制造惊喜也能犯错，这使它更像人类，而非机器。

THE PATTERN ON THE STONE

06 存储：信息和密码

计算机的运行受到存储空间大小的限制。奢望建立一台完美的计算机是不现实的，大多数计算机故障都源于错误的设计。

到目前为止，我们基本上没有考虑过计算机因存储空间而受到的限制。理想的状态是，通用计算机具有无限的存储空间。然而，对于具体的计算机来说，其存储空间时常受限于成本，而且总是有限的。只要存储空间足以满足当前的任务需求，我们就可以不用考虑这一限制。不过，一些算法和应用程序具有大量数据需要被存储，所以存储空间便成为一个重要的考虑因素。用于表示物理世界的应用程序通常需要占用大量存储空间，比如图像、声音和三维模型等。知道应用程序需要多少存储空间非常重要，因为它不仅可以用于判断计算机是否拥有足够的空间运行该程序，还可以用于估算处理信息所需的时间。

作为测量信息的单位，二进制位适用于信息的传输和存储。从某种意义上来说，传输和存储是同一事物的两个不同方面：传输是将一条信息从一个地点发送到另一个地点，而存储是将一条信息从一个时刻“发送”到另一个时刻。除非你习惯于在四维时空思考问题，否则可能难以理解将传输和存储等同视之的想法。邮寄信件不仅是一种通信方式，还同时具备传输和存储两方面的特性。给他人寄信是在空间范畴内传输信息的一种方式，而给自己寄信是在时间范畴内存储信息的一种方式。实际上，所有形式的通信都具有空间和时间两方面的属性。电子计算机存储信息的一种方式就是，让信息不断循环流通，这就相当于在电子世界给自己寄信。

我们知道，存储容量为 n 个二进制位的计算机最多可以存储 n 位的信息。然而，对于给定的信息，我们如何确定需要多少位呢？若想计算出这个问题的答案，并不容易。实际上，存在若干不同的正确答案。如果进一步思考这个问题，我们会接触到压缩、查错和纠正、随机数、密码等概念。

数据的编码方式决定了传输和存储一段数据所需的位数。对于一些复杂的信息来说，比如一本书中的文字，可以将其表示为一串更简单的序列，例如，用组成文本的字符表示这本书。在这种常用的表示方法中，文本信息的位数等于文本中的字符数乘以每个字符所用的位数。本书约有 250 000 个字符，而我的笔记本电脑存储一个字符需要 8 位（1 个字节）。因此，用于存储本书的计算机文件约为 200 万个位。你可能会就此得出结论，这本书之所以包含 200 万个位的信息，是因为计算机用于存储本书的存储空间就这么大。不过，这只是信息的一种度量方式，这种度量方式取决于信息的表示形式。这是一种有效的衡量标准，因为它不仅告知了计算机需要多少存储空间来存储信息，还告知了处理这些信息所需的时间。例如，如果我知道自己的计算机以每秒 2000 万位的速度向磁盘中写入信息，并且知道需要用 200 万位来表示本书，那么我就可以计算出将这本书存入磁盘的时间——1/10 秒。

不过，用字符数乘以 8 得到的数字作为文本信息的度量值存在一定的问题：此时文本信息的位数取决于计算机使用的字符表示方法。不同的计算机或者在同一台计算机上运行的不同应用程序，存储完全相同的字符序列所需的位数可能不尽相同。例如，如果用 8 位来表示每个字符，则可表示 256 种不同的字符，但本书中的字符数少于 64 种——大写和小写的字母共 26 个，再加上数字和标点符号。因此，更有效的编码方式是使用 6 位（2^6=64）表示一个字符，这样可将本书压缩至 150 万位左右。

如果存在一种不依赖信息表示形式的测量方式，那就最好不过了。一种更本质的测量信息的方式是表示文本最少需用多少个位。这种方式虽然很容易定义，但不容易计算。

压缩

在不丢失信息的情况下，我们能将文本压缩多少呢？一种简单的压缩方式是，将每个字符的位数从 8 位减少至 6 位。有的压缩方式会利用文本的规律性。例如，在英文文本中，字母 T 和 E 出现的频率远高于字母 Q 和 Z。那么更高效的编码方法就是，用更短的 1、0 序列来表示出现频率更高的字母。早期电报员和无线电业爱好者使用的一个技巧是，利用长度可变的字符编码方式来实现更紧凑的表示形式。在莫尔斯码中，单个点代表字母 E，单条画线代表字母 T。其他不常见的字母，比如 Q 和 Z，则由一列长度最多为 4 的点和画线组成。不过，还有第三种信号——停顿，用于表示字母的结束。因此，莫尔斯码的点和画线并不完全对应于二进制位的 1 和 0，但其基本原理是相似的。

如果使用 1、0 序列来表示一个长度可变的字符代码，必须仔细选择编码方式，以便将二进制位组成的信息流毫无歧义地分解成单个字符。只要某个字符的二进制位序列的开头部分与其他字符的子序列不同，那么这个分解就是有可能的。例如，用 4 位表示常见的字符且首位字符为 1；用 7 位表示不常见的字符且首位字符为 0。此时，二进制位信息流就能被准确地划分为短字符和长字符。选择一种充分利用不同字母相对频率的可变长度字符编码，可以有效地实现文本的压缩。以本书文本为例，这种方法能将原来的 200 万个位缩减至 100 万个位左右，压缩比例达 50%。

所有的压缩方法都利用了数据的规律性。上面介绍的编码方式利用了单个字符出现频率的规律性，还存在其他规律性可供利用。例如，在本书中，并非所有相邻的字母组都以同等频率出现，字母 Q 后面几乎总是跟着字母 U，但字母 Z 后面绝不会出现字母 K。我们可以为双字母组而非单个字母设计一个采用可变长度字符编码的系统，充分地利用双字母组合出现频率的非均等性。在编码中，可以使用较短的二进制位序列表示更常见的字母组，使用较长的二进制位序列来表示很少出现的字母组。这种方式可以使存储本书所需的位数再压缩 10%，达到平均每字符 3.5 位的压缩水平。

利用多字母组合的规律性进行编码，效率将会更高。例如，在本书中，“这”一字出现了约 3 000 次。如果使用一个较短的二进制位序列来表示这个字，将非常有效。同理，有许多字词也适合用这种方式来编码，比如“计算机”“二进制位”等这些经常在本书中出现的词。

除了字母组合的统计规律，还存在其他方面的规律性。例如，语法、句子结构和标点符号等也具有规律性，这些都可以用于进一步压缩文本。不过，在某些时刻，我们得到的边际收益会逐渐递减。如果使用目前最佳的统计方法，表示每个字符的位数最终可压缩至不到 2 位，这个压缩水平是 8 位标准字符代码的 25%。

压缩在文本中的应用效果相当不错，但它在表示现实世界的信号时的应用效果更好，比如声音和图像等。这些信号通过被称为模数转换（analog-to-digital conversion）的过程输入计算机。这些输入通常是连续的模拟信号，比如声音的强度、光线的亮度等，在黑白照片中，点或像素可以为白色、黑色，或者介于两者之间的任意灰色。由于计算机无法表示无数多种可能性，因此它通过将每个像素转换成有限的灰度集合中的某个值来简化信号。通常来说，灰度的等级数目为 2 的整数次幂，这样便能与存储的位数相匹配。例如，可以用 8 位来表示黑白图片中的像素点亮度，因此共有 256

种灰度。也可以用 12 位来表示更高质量的图片，此时对应的灰度值有 4 096 种。计算机通常用 24 位来表示彩色图片中的像素点，其中每种三原色的亮度各由一个 8 位表示。

另一个决定图像质量的参数是分辨率，即照片中的像素数目。一张由 1 000×1 000 点阵组成的高分辨率图像比一张分辨率为 100×100 的图像更加清晰。不过，由于前者的像素点数为 1 000 000，而非 10 000，因此计算机需要的存储空间将增加 100 倍，需要的图像处理时长也会增加 100 倍。

由于高分辨率图像包含大量数据，因此我们通常希望将其压缩，以降低存储和传输成本。对于动态影像来说，尤其如此，其每秒包含的图像帧数为 24 ～ 100。幸运的是，图像容易压缩，因为它们具有高度的规律性。在大多数图像中，单个像素点的颜色和亮度通常与临近点的几乎相同。例如，在一张关于人脸的图像中，面颊中相邻部位的两个像素点具有非常相似的亮度和颜色。大多数图像的压缩算法都利用了这种相似性。对于亮度和颜色一致的区域，图像压缩算法只用几个数就可以表示其颜色和大小。其他图像压缩算法采用了更为复杂的规律形式，例如，图像中不同区域的纹理的相似性。对于诸如电视转播等动态影像来说，压缩算法通常利用前后相继的各帧图像之间的相似性，这种方法可以实现 10 倍的图像压缩比，以及 100 倍的视频压缩比。类似的压缩方法可以应用于声音信息的压缩。

对于图像所包含的信息量来说，这种压缩方法有些违反直觉。如果用表示图像所需的最少位数作为图像信息的度量，那么更易于压缩的图像包含的信息量更少。例如，一张面部图像的信息量比一堆沙滩鹅卵石图像的信息量更少，因为面部图像中相邻的像素点更加相似，而传输和存储一张鹅卵石图像则需要更多的信息量，即使人类观察者认为面部图像的信息更为丰富。根据这种度量方式，包含信息量最多的图像将是由随机像素点组成的图像，如同充满噪声和杂讯的电视机屏幕。如果图像中的像素点和相邻像素点之间没有任何相关性，那么压缩图像时就没有规律可循。虽然这样的图像对我们来说毫无意义，其计算机表示却具有最大的信息量。

信息度量的最小表示方法与我们对于信息内容的直观认识并不完全一致，因为计算机没有区分有意义和无意义的信息，它只需记录每个像素点的颜色，或者沙滩上每个鹅卵石的位置，即使这些细节对我们来说并不重要。判定哪些信息有意义、哪些信息没有意义是一门精妙的艺术，这取决于图像的使用方式和使用者。在外行看来，X 光片上的一点小瑕疵无关紧要，但对于医生而言，它却意义非凡。像毕加索这样伟大的艺术家能够将复杂的景象“压缩”成几条简单的线条，但为了实现这一点，他需要经过复杂的判断来决定用图像的哪些部分传达最重要的意义（见图 6-1）。

图 6-1　毕加索的素描作品

如果计算机通过只存储有意义的信息来压缩图像，那么表示图像所需的位数将更接近于我们对图像信息量的直观认知。例如，当表示由随机像素阵列组成的图像时，计算机可以指出该图像无规律性，其信息毫无意义。当要求计算机重构这张图片时，它可以简单地生成一张由随机像素阵列组成的新图像，而新图像和源图像在诸如像素灰度等细节方面存在差别，不过，这些差别在人眼中并无意义。

许多有关图像和声音的压缩算法会丢弃一些无意义的信息，以减少表示的信息量，这类算法被称为有损压缩。这类算法假设，人类的眼睛和耳朵会忽略图像和声音中的某些细节。有损压缩法一般适用于已知解压的信息用于何种目标的情况。例如，如果电影中的某个细节只出现在一帧图像中，那么将这帧图像丢弃也不失为一种安全的做法，因为没有人会注意到这个细节。

还有另外一种重要的图像压缩方法，它能实现比上述方法更高的压缩程度。如果已知原始图像的生成过程，那么与存储原始图像相比，存储这个生成的过程可能更加有效。例如，如果图像是由画家绘制的一系列线条组成的画作，那么可以通过存储线条列表来表示这幅画作，计算机经常使用这种方法制作简单的线条画。

通过存储事物的生成过程或程序来表示该事物的方法也适用于其他类型的数据，比如声音等。当涉及声音对象时，这种方法就类似于通过乐谱来记录音乐的方法。不过在计算机中，乐谱记录了生成原声音乐所需的全部细节，包括乐器的音调、小提琴的运弓方法，甚至乐队的演奏情绪。如果某个对象能由计算机生成，那么根据定义，计算机中一定有该对象的准确生成过程，而关于此过程的描述便可作为该对象的表示。

这样，我们又可以得出一个关于信息度量的结论：一个二进制位模式的信息量等同于能够生成这些二进制位的最短计算机程序的长度。无论这个二进制位模式最终表示的是图像、声音、文本、数字，还是其他事物，这种关于信息的定义都是成立的。这个定义相当有趣，因为它考虑到了模式中的各类规律，特别是包含了上述所有的压缩方法。这个定义似乎依赖于计算机的机器语言。不过，任何计算机都可以模拟其他的计算机，因此，信息度量之差仅是用于模拟所需的少许代码而已。

当信息被尽可能地压缩后，就不再具有规律性。这是因为任何规律性都是一次压缩信息的机会。文本经过最优压缩后，表示文本的 1 和 0 序列看起来完全是随机的，就像随机投掷硬币得到的记录一样。事实上，许多数学家将不可压缩性作为定义随机性的方式。虽然这个定义很简洁，但在实际应用中并没有多大用处，因为这种定义方式很难判断一串序列是不是随机的。当我们识别到字符串的规律性时，不难判断出该序列可以被压缩；但如果找不到字符串的规律性，并不能证明该序列不可被压缩。第 4 章描述的伪随机数就是这样的例子：它们虽然看起来是随机的，却具有一种潜在的规律模式。根据上面关于随机性的定义，这里的伪随机数具有高度的非随机性，因为通过伪随机数生成的算法能将一长串数字中的规律简明扼要地归纳出来，轮盘机模拟程序就属于这种情况。

加密

有些序列虽然表面上看起来是随机的，却包含了隐藏的固有规律模式，它们可用于制作由数据加密的编码。例如，我想给朋友发送一条秘密信息。如果我们都有相同的伪随机数生成器，就能生成一串相同的伪随机数序列。然后，我们可以利用这个序列将信息内容隐藏起来，他人将无法窃取。假设要传输的信息是用字符表示的二进制位信息流，采用每字符 8 位的标准格式，任何窃听者都可以看懂这种标准化的表示形式，密码学家称之为明文（plain text）。为了加密信息，我们将明文中的位和伪随机数序列中的位一一配对。如果伪随机数序列中的位是 1，则置换对应的明文；如果伪随机数序列中的位是 0，则保持对应的明文不变。这样，明文中约有一半的位数被置换，但窃取者不会知道是哪一半，除非他们都知道伪随机数序列，否则这些由 1 和 0 组成的序列对他们来说毫无意义。在另一头，我的朋友知道如何生成完全相同的伪随机数序列，该序列能用于置换那些已经被置换的序列，从而重构（解密）出原始信息。这种方法或者其他类似的方法是大多数加密系统的核心。

对信息加密相当于将其放到只有使用特殊的密钥才能打开的带锁的箱子里。在刚才介绍的加密方法中，这把钥匙是伪随机数生成器，所有拥有这把钥匙的人都能执行置换操作。在上述例子中，加密和解密所使用的是同一把密钥，不过，也可以在加密和解密过程中使用不同的密钥。在公共加密体系中，加密和解密使用的密钥是不一样的，知道加密密钥的破译者不知道解密所需的密钥。这种传输信息的方式非常有用。例如，如果我想接收加密后的信息，就可以对外公布加密信息所需的密钥。这样，任何人都可以向我发送秘密信息，无论我是否认识他们。由于公开密钥只会告知发送者如何加密信息，而不会告知如何解密信息，所以其他人无法破译这些编码后的信息，只有我私下保存的密钥才能将密文转换成明文。这种方法被称为公共密钥加密法。公共密钥加密法解决了一类重要问题。比如，许多在互联网上接收信用卡账号支付的商家会发布他们的公钥，这样客户就能加密传输他们的信用卡账号，无须担忧账号被拦截和窃取。

此外，这种公共密钥加密法在信息认证方面也大有用处。在这种情况下，我会公开用于解密的公钥，而用于加密的密钥则不公开。当我想发送一条信息，并希望用其签名来证明该信息来自我时，我就用密钥对其加密。任何接收到这条信息的人都可以用公钥解密这条信息。他们也能确定这条信息来自我，因为只有知道我的密钥的人才能加密这条信息。

查错

除了压缩和加密之外，编码和解码还有许多其他用途。例如，在某些情况下，为了降低出错率，我们会在必要的位之外再附加几位。一种被称为查错码（error-detection code）的冗余码可用于检测传输过程中发生的错误，比如传输的是0，但接收时却变成了1。还有一类被称为差错校正码（error-correction code）的代码，它们是一种包含了足够冗余信息的代码，可用于检测和校正此类错误。

一种显而易见的冗余形式是多次发送信息。将信息发送两次就能起到检测差错的作用。如果一方发送了同一信息的两个副本，但对方接收到的两条信息却略有不同，这意味着在传输过程中一定出现了差错。一种简单的差错校正码是将同一信息重复发送三次。假设其中只有一条信息受到了破坏，那么接收者可以通过另外两份相同的副本来重构正确的信息。

幸运的是，有些查错码和差错校正码可以用更少的冗余信息达到同样的结果。一种常用的查错码是奇偶校验码（parity code）。这种方法可以通过增加一个冗余位来检测任意长度信息中出错的一个位。举一个奇偶校验码的具体例子，当在嘈杂的通信线路中传输字符时，我们经常采用 8 位码。编码中的第 8 位即被称为奇偶校验位，当且仅当前 7 位中 1 的数目为偶数时，则此位才为 1。这意味着 8 位中的 1 的数目始终为奇数。如果传输线路中的噪声导致 1 变成了 0，或者相反，那么接收到的 8 位中的 1 的数目就变成了偶数。据此，接收者可以检测到差错的存在。计算机存储系统也采用类似的奇偶校验码来检测错误。使用一个奇偶校验位，我们就能检测出任意长度信息中的错误。这种简单的奇偶校验码的局限性在于，一个奇偶校验码只能检测单个位的错误。如果一个信息中出现两个位同时被置换的数据错误，那么即便数据本身是不准确的，其奇偶性仍是正确的。

不过，使用多个奇偶校验位便可以检测出多个错误。此外，还可以给接收者提供足够的信息，使其不仅用于检测错误，还可以用于纠正错误。也就是说，即使信息存在差错，接收者也能够重构原始消息。图 6-2 所示的二维奇偶校验码就是一个具体的例子。

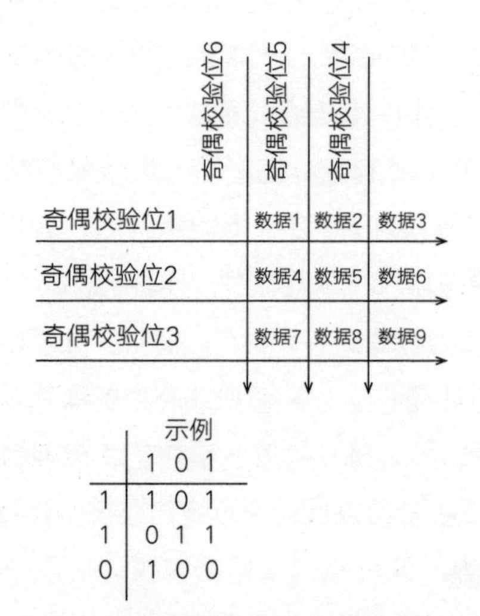

图 6-2 使用 9 个数据位和 6 个奇偶校验位的差错校正码

这种代码包括 9 个数据位和 6 个奇偶校验位。表示信息的 9 位排列成 3 行，每行 3 位。每行和每列各有一个奇偶校验位。当信息中的某一个数据位出现错误时，两个奇偶校验位会同时检测出异常，也就是能确定该异常位于某一行某一列。据此，信息接收者就会知道位于异常行和异常列交叉位置的那个数据位是不正确的，应该将其置换。另一方面，如果一个奇偶校验位在传输中出现错误，那么就只有某一行或某一列的奇偶校验结果是异常的，这样便不会出现某一行和某一列同时出现异常的情况。为了可视化编码结构，可以用二维模式来表示这些位，但代码可以按照任何顺序传输。这种差错校验码通常用于保护大型计算机存储空间中的字符。我们可以使用类似的技术设计出许多种其他代码，用于检测或者纠正不同类型和数目的错误。

差错校正码能够处理信息传输和存储过程中出现的错误。那么计算本身的错误又当如何呢？事实证明，即使组成逻辑块的某些子模块无法正常工作，也依然可以搭建出能产生正确答案的逻辑块。同样，基本的检测工具还是某种形式的冗余。构建容错逻辑块的一种方法是，将每个逻辑块复制三份。如第 2 章图 2-3 所示，可以将少数服从多数逻辑块用于统筹这三个复制逻辑块的输出。如果其中一个逻辑块出现了错误，就以少数为由将其排除在外。这种简单的方法能够防止单个模块出现错误（除非少数服从多数逻辑块本身会出错）。

如果给定一组可能发生的、定义明确的错误，比如断线、开关失灵以及 0 变成 1 等，那么无论元件多么不可靠，都可以用它们构造出具有任意可靠性的计算装置。此任务只需以系统的形式组装具有足够冗余度的逻辑元件便可完成。例如，如果你发明了一种新型开关，比如分子开关，它的速度非常快，或者价格非常便宜，但会在 20% 的时间内出错，通过在电路中搭建恰当的冗余结构，你仍然能够利用它制造出一台具有 99.99999% 可靠性的计算机。

这是否意味着你可以搭建一台具有任意可靠性的计算机呢？答案并非如此。尽管在搭建计算机时，某种特定类型的错误可以被消除，但还是有可能发生意料之外的错误，它们会在冗余逻辑块之间产生关联故障。举个例子，某个烧毁的逻辑块可能会导致另一个逻辑块的温度过高，或是某种形式的磁场脉冲会导致所有逻辑块同时出错。工程师设计的逻辑块只能处理他们预想范围内的错误。技术的发展史表明，人类的考虑并非始终万无一失，惨痛的失败通常发生在意料之外。

奢望建造一台完美的计算机是不现实的，因为大多数计算机故障并不是由错误的逻辑运算造成的，而是源于错误的设计，通常是错误的软件设计。计算机及其软件是迄今为止人类设计出的最为复杂的系统。计算机中交互的元件数目比最复杂的飞机的元件数目还要多出几个量级。现代工程技术并不足以支撑设计如此复杂的物体。一台现代计算机可同时运行的逻辑运算高达数百万条，因此我们无法预测出各个事件所有可能的组合的后果。虽然前几章介绍的功能抽象的方法有助于控制这些交互行为，但这些功能抽象基于一个前提，即一切交互作用都按照设想的那样进行。当出现预期之外的交互行为时（实际中的确会出现），这些功能抽象基于的假设便不再成立，其后果可能是灾难性的。实际上，即使没有出现故障，大型计算机的行为有时也是不可预测的。这是无法设计出一台绝对可靠的计算机的重要原因。

THE PATTERN
ON THE
STONE

07 速度：并行计算机

计算机的运行速度取决于将数据写入和移出存储器所花费的时间。通常来说，计算机的运行速度每两年会翻一倍。

除了存储空间不同之外，不同类型的通用计算机的运算速度也有所不同。计算机的速度通常取决于将数据写入和移出存储器所花费的时间。

目前为止，我们所讨论的计算机都是顺序计算机，即它们每次只能处理一个计算机字长的数据。传统计算机之所以以这种方式运行，主要是历史原因使然。20 世纪 40 年代末和 50 年代初期，当时计算机刚被发明，开关元件（继电器和真空管）的价格非常昂贵，但速度相对较快；存储元件（汞延迟线和磁鼓）的价格低廉，但运行速度较慢。它们的组合特别适合处理连续的数据流。设计者让计算机昂贵的处理器始终处于忙碌状态，但对存储速度没有提出过多要求。这些早期的计算机有一间房那么大，其中一边是昂贵的处理器，另一边是运行缓慢的存储器，有少量数据在两者之间流动。

随着计算机技术的进步，软件变得越来越复杂和昂贵，培训程序员的难度也变得越来越大。因此，为了节省在软件和培训方面的投入，计算机的基本架构基本没变。重新思考这种双边设计结构的动力不够强大，因为技术的进步非常之快，通过新技术便能轻易地制造出运行速度更快、价格更便宜的计算机。

计算机的运行速度通常每两年就会翻一倍。晶体管取代了真空管，最后又被集成电路替代。磁芯存储器取代了延迟线存储器，最终也被集成电路替代。房间般大小的机器最终被缩小为只有指甲盖大小的硅芯片。在这一系列的工艺变革过程中，处理器与存储器相连的设计模式一直保持不变。如果你在显微镜下观察现代的单片机，依然可以看到“满屋”真空管的痕迹：芯片的一部分区域用于处理，另一部分区域用于存储。尽管现在计算机的处理器和存储器在制造工艺上是相同的，且两者都位于同一块硅芯片上，但其工作模式只是原设计的优化而已，仍为早期的两部分，彼此隔开。然而，用作处理功能的那部分芯片一直非常繁忙，而用于存储功能的那部分芯片仍然每次只能输出一个计算机字长的数据。

处理器和存储器之间的数据流速度是顺序计算机的瓶颈所在，其根本问题在于，存储器在每个指令周期内只能访问单个地址。只要我们维持这种基本的设计架构，那么提高计算机运行速度的唯一方法就是，缩短每一个指令周期的时间。多年以来，我们通过提高开关的速度来缩短计算机的指令周期，即更快的开关能使计算机的运行速度更快。然而，这种策略不再有效。如今，大型计算机的运算速度主要受限于信息在线路中的传播用时，而这一点又受到光速的限制。光以每纳秒（十亿分之一秒）一英尺（1 英尺 =0.304 8 米）的速度传播。如今，速度最快的计算机的指令周期约为一纳秒，所以这些计算机的处理器尺寸小于一英尺并非巧合。在不修改基础设计架构的前提下，我们已经接近计算机的速度极限了。

并行性

为了达到更快的处理速度，现在的计算机需要同时执行多个操作。为了实现这个目标，我们可以将计算机存储器分为多份，并为每一份提供独立的处理器。这种计算机被称为并行计算机。由于微处理器的成本低廉、尺寸较小，所以并行计算机是实际可行的。我们可以将数十、数百甚至数千个小尺寸的处理器连接起来，组装成一台并行计算机。世界上最快的计算机是大规模并行计算机，它们所用的处理器数目高达数千甚至数万个。

如前所述，计算机是在构件的层次结构上搭建起来的，每层结构都是上层结构的基础。在这种模式中，计算机本身就属于基础构件，而并行计算机是其上面的一个层次。这种结构可被称为并行计算机或者计算机网络，两者之间并无明确的差别，也许其差别更多地与系统的应用有关，而非单个计算机的工作过程。一般来说，并行计算机位于一个地点，而计算机网络则在地理上是广泛分布的。不过，这两条规则都存在例外。通常，如果一组互联的计算机以协同的方式合作，我们便会称之为并行计算机。如果这些计算机在某种程度上是独立工作的，那么我们便将这些互联的计算机称为计算机网络。

将大量计算机连接起来获得更快的运算速度，这看起来似乎是显而易见的选择。不过，计算机科学家的共识是，这种结构只适用于少数几种应用场景。有些人认为，制造通用的大规模并行计算机并对其进行编程是不切实际，甚至是不可能实现的。在我职业生涯的早期，我花费了大量时间来反驳这种观点。这种普遍存在的怀疑源于两种误解，一种是误解了这个系统的复杂程度，另一种是误解这个系统各个组成部分之间的协同工作原理。

科学家倾向于高估并行计算机的复杂性，因为他们低估了或者至少没有重视微电子制造技术的进步速度。与其说他们对这一趋势一无所知，不如说这类技术变革的速度前所未有地快，致使人们很难跟上脚步。20 世纪 70 年代中期，我参加了纽约希尔顿酒店举行的一次计算机会议，我在发言中指出，当前的趋势表明，不久以后，美国的微处理器数目将会超过美国的人口总数。当时大家认为这是一种武断。尽管微处理器已经被生产出来了，但大众对计算机的普遍印象依然停留在闪着指示灯的冰箱大小的“柜子”上。在我报告结束后的提问环节，一名不怀善意的听众用充满讽刺的语气问道：“你认为人们将如何处理这么多计算机呢？看来不会是为每个门柄都安装一台计算机吧！”听众不禁大笑起来，我一下子回答不上来，事实上，现在这家酒店的每个门柄上都装有一个控制门锁的微处理器。

人们怀疑并行计算机的另一个理由更为微妙，也更有道理。大家都知道，将计算分成许多并行的部分，会导致运行效率低下。现在这个问题依然制约着并行计算机的应用效率，但它并没有想象中的那么严重。高估这个问题的难度的一部分原因源自对早期并行计算机的一系列误解。20 世纪 60 年代，第一批并行计算机是通过将两三个顺序计算机相连而组成的。在大多数情况下，多个并行处理单元共享一个存储器，以便每个处理器访问相同的数据。通过编程，这些早期的并行计算机可以给每个处理器分配一个不同的任务。例如，在数据库应用程序中，第一个处理器用于检索数据，第二个用于汇总统计数据，第三个则用于打印结果。这些处理器相当于生产线上的不同工人，每个工人负责完成一个环节的计算任务。

这种方法存在固有的低效率问题，其严重程度会随着处理器数目的增加而增加。第一个低效率问题源于任务必须被分解为或多或少的独立阶段。任务被分解为两三个阶段不成问题，但若想将其分解为 10 个或者 100 个阶段，就非常困难了。正如并行计算的质疑者向一名报纸记者解释的那样："如果让一名记者收集新闻素材，让另一位记者撰写新闻文章，那么这两位记者可能会很快写完一篇文章。但如果 100 名记者都在撰写这篇文章，可能就根本无法完成工作。"这种说法非常具有说服力。

第二个低效率问题源于存储器的共享访问模式。典型的存储器每次只能从给定区域内检索一个计算机字，这种受限的访问速度造成了明显的瓶颈，并限制了系统的性能。如果在读取速率已经受限的系统中增加更多处理器，那么处理器将在等待数据方面花费更多时间，系统效率将会更低。

此外，处理器必须格外小心地避免某些情况造成的不一致性，比如修改另一个处理器正在查看的数据。以航空公司的订票系统为例，如果一个处理器正在进行订座操作，它会查看某个座位是否为空，如果为空就会预订此座位。如果两个处理器同时为不同的乘客预订座位，就会带来一个问题：它们可能会同时发现有一个座位是空的，并且在对方还未占据之前都决定将这个座位标记为预留状态。为了避免出现这种问题，处理器必须采取一系列周密的操作，使某个处理器在查询数据时避免其他处理器修改该数据。这种对系统存储器的争夺会进一步降低效率，可能导致的最坏情况是，多处理器系统的速度将会降低至单处理器的速度，甚至更低。如上所述，这些低效率问题会随着处理器数量的增加变得更为严峻。

第三个低效率问题的根源似乎更为本质，即如何将任务均衡地分配给不同的处理器。回到生产线的例子中，我们可以从中发现，计算的运行速度取决于速度最慢的环节。如果只存在一个慢速环节，那么计算的运行速度就会由该环节决定。在这种情况下，系统的效率会随着处理器数量的增加而降低。

安达尔定律完美地解释了这些低效率问题，该定律由计算机设计师吉恩·安达尔（Gene Amdahl）于 20 世纪 60 年代提出，并以其名命名。安达尔的结论如下：总有一部分计算具有内在的顺序性，它们每次只能由单个处理器完成。即使只有 10% 的计算任务，它们实质上也具有内在的顺序性，无论如何加速剩余 90% 的并行计算任务，整体计算速度的提升比例永远不会超过 10 倍。当处理器完成那 90% 的并行计算任务后，会继续等待单个处理器来完成按顺序执行的这 10% 的计算任务。这个结论表明，具有 1 000 个处理器的并行计算机的效率极低，因为它只会比单个处理器的速度快 10 倍左右。当我试图申请基金来建造我的第一个并行计算机（一台拥有 64 000 个处理器的大型并行计算机）时，收到的第一个问题通常是："你有没有听说过安达尔定律？"

我当然听说过安达尔定律，而且我认为这个定律背后的推理过程没有问题。然而，我也确信，安达尔定律并不适用于我试图解决的问题，即便我无法证明这一点。我之所以如此确信是因为，我正在研究的问题已经通过一台大规模并行计算机得到了解决，这台计算机便是人类的大脑。当我还是麻省理工学院人工智能实验室的一名学生时，就想制造一台可以思考的机器。

1974 年，当我以本科新生的身份第一次访问麻省理工学院人工智能实验室时，人工智能领域正处于爆炸性发展的阶段。第一代用简单的英文执行书写指令的程序正在开发中，能理解人类语言的计算机即将诞生；计算机在国际象棋等游戏中表现出色，而在几年前，这些游戏对它们来说还过于复杂；人工视觉系统能识别出简单的物体，例如线条画和成堆的积木；计算机甚至通过了简单的微积分测试，并解决了智商测试中的一些简单问题。通用人工智能真的离我们遥遥无期吗？

几年后，当我以研究生的身份加入人工智能实验室时，问题看起来变得更加复杂了。一些简单的演示表明情况确实如此。尽管研究人员发明了许多崭新的原理和强大的工具，但当应用于更大规模、更复杂的问题时，它们并不奏效。其中有部分问题的解决受限于计算机的运行速度。人工智能的研究人员发现：将实验推广至涉及更多数据的场合时常常徒劳无获，因为计算机的运行速度已经够慢了，增加更多的数据只会拖慢它们的速度。例如，在计算机识别单个物体就需要数小时的情况下，再让计算机去识别一堆物体，结果无疑会令人感到沮丧。

计算机的运行速度之所以很慢是因为，它们是按顺序执行的，也就是说，它们每次只能做一件事情，比如计算机必须逐个像素地查看一幅图像。相比之下，人类大脑能瞬间感知整幅图像，并立即将看到的图像和已知的图像进行匹配。正是由于这个原因，人类在识别物体方面比计算机快得多，即便人类视觉系统中的神经元比计算机中的晶体管慢得多。这种设计上的差异激发了我以及其他许多人去寻找大规模并行计算机的设计方法，这类计算机可以同时执行数百万次运算，并且能够像大脑那样利用并行性。既然大脑能够从低速的部件中获得高速的性能，因此，我认为安达尔定律并非适用于所有情形。

现在，我知道了安达尔定律的缺陷，那就是，它假设计算任务中有固定比例的任务一定是按顺序执行的，即使只有10%。这个假设看似合理，但事实上，大多数大规模计算并非如此。这种错误的直觉来源于对并行处理器使用方式的误解。问题的关键在于，如何在处理器之间分配计算任务。初看起来，最佳分配方式是让每个处理器分别执行程序中的不同部分。这种方式在一定程度上是有效的。然而，这就类似于向一组队伍分配任务时遇到的问题（正如前面提到的记者写稿的类比），具有如下缺点：大部分潜在的并行性都会消失于与协调相关的问题中。通过分解程序的方式对计算机进行编程，就类似于协调一大群人粉刷篱笆，即让第一个人打开油漆桶，让第二个人来处理篱笆表面，让第三个人来粉刷油漆，让第四个人来清洗刷子。这个分解过程需要高度的协调性，而且到一定程度之后，增加更多的人手并不能加快任务的完成速度。

另一种更有效地使用并行计算机的方式是，让每个处理器执行相似的任务，但使用不同部分的数据。这种所谓的数据并行分解方法类似于在粉刷篱笆的任务中为每个工人分配一块独立的篱笆。虽然并非所有的问题都像粉刷篱笆一样容易分解，但这种方法在大型计算任务中的应用效果非常好。例如，通过给每个处理器分配一小块图像，图像处理任务就可以以并行的方式被完成；在国际象棋这样的搜索问题中，通过让每个处理器同时搜索不同的走法，便可以实现任务的并行分解。在这些例子中，速度的提升几乎与处理器的数量成正比，即处理器数量越多，效果越好。当然，给处理器分配任务以及收集处理器的答案会花费额外的时间。如果问题的规模很大，计算任务的完成情况会更加高效，即便有成千上万个处理器并行执行任务。

很明显，上述这些计算任务可以在分解后并行执行。对于更复杂的任务，数据并行分解的方法同样行之有效。令人感到惊讶的是，无法以并行计算的方式处理的大型问题寥寥无几。大部分人认为的具有顺序性的计算问题也能通过并行计算机得到有效解决。其中一个例子是追踪链问题。我的小孩曾玩过的寻宝游戏就是一个基于追踪链的问题。我给他们一张纸条，纸条上的线索与下一条线索的隐藏地点相关，而且那条线索又指向了下一条线索，以此类推，直到他们最后找到宝藏。在这个游戏的计算机版本中，对于给定的程序，其输入是存储器中的一个位置的地址，这个位置存储了另一个位置的地址，而后面这个位置存储的依然是下一个位置的地址，以此类推。最后，包含特殊的计算机字的地址会指定某个存储位置，这个特殊的计算机字会指示该地址就是地址链条的末端。这个问题就是要从第一个位置出发找到最后一个位置。

初看起来，追踪链问题是一个典型的具有顺序性的计算问题，因为如果计算机不沿着整个链条追踪相连的地址，就无法找到链条的最后一个位置。为了找到第二个位置的地址，计算机必须找到第一个位置，为了找到第三个位置的地址，计算机必须找到第二个位置，以此类推。然而事实证明，这个问题可以通过并行的方法解决。具有 100 万个处理器的并行计算机可以在 20 个步骤之内找到一条包含 100 万个地址的链条的最后一个位置。

上述过程的窍门在于，每一步都将问题的规模缩小一半，这和第 5 章介绍的排序算法有些类似。假设 100 万个存储位置都有自己的处理器，并且可以给任何其他处理器发送信息。为了找到链条的末端，每个处理器首先会将自己的地址发送给链条中紧跟它的处理器，而紧跟它的后一个处理器的地址存储于前一个处理器的内存位置中。这样，每个处理器不仅知道了它后面的处理器的地址，还知道了前面的处理器的地址。然后，处理器利用此信息将它后面的处理器的地址发送给它前面的处理器。此时，每个处理器都知道了沿此链条后继下一个处理器的地址。因此，此时连接第一个和最后一个处理器的链条长度与原来的相比缩短了一半。接着重复该简化步骤，每重复一次，链条长度就会减半。经过 20 步的简化过程之后，在包含 100 万个存储地址的链条中，第一个处理器便知道了最后一个处理器的地址。类似的方法也可以应用于完成许多其他看似具有顺序性的计算任务。

在撰写本书时，并行计算机仍然是一种相对较新的技术。目前，我们尚不清楚何种类型的任务能被分解且有效利用多处理器的优势。不过，这里有一条经验：数据量大的问题最适合用并行技术来解决，因为当数据量很大时，处理器之间就能分配到许多相似的计算任务。

大多数计算任务能被分解成并行处理的子问题，原因之一是，大多数计算都基于物理世界的模型。这类计算可以通过并行的方式运行，因为物理世界的运行方式也是并行的。例如，计算机表示的图像通常通过算法合成，该算法模拟了光线从物理表面反射的过程。我们可以计算出每条光线从光源传输到眼睛，以及从一个表面反射到另一个表面的过程，由此从物体形状的数学描述中获得图像。所有关于光线的计算都可以同时进行，因为光在真实物理世界中是同时完成反射的。

适合并行计算的典型例子还有天气预报所需的大气模拟。代表大气的三维数字矩阵类似于三维物理空间。每个数字代表了一定体积的大气的某个物理参数，比如1立方千米单位容量内的大气压强。每个立方体都可以由几个代表平均温度、压力、风速以及湿度等物理量的数字表示。为了预测这些立方体中的大气将如何变化，计算机需要计算相邻空间内空气的流动过程。例如，如果某个空间内的空气流入量大于空气流出量，那么这个空间内的空气压力就会上升。计算机还会计算日照和水汽蒸发等因素带来的变化量。大气的模拟过程由一系列计算而来，每个步骤都对应着一段时间，比如半小时，因此在矩阵的单元之间模拟出的空气和水的流动情况类似于真实天气中空气和水的流动情况。计算机的最终模拟结果便是一种三维的移动图像，一种按物理规律变化的图像。

当然，模拟精度取决于三维图像的分辨率和准确度，这些因素是导致天气预报随着时间的推移而变得不准确的罪魁祸首。如果模型分辨率越高，初始条件测量得越精确，则预测结果就会越准确，但即使分辨率再高，从长远来看，天气预报也永远不可能达到百分之百的准确度，因为天气的初始状态不可能被精准无误地测量出来。和轮盘机游戏一样，天气系统是一种混沌系统，初始条件的微小扰动就能使结果产生巨大变化。在并行计算机中，每个处理器都可以负责预测小块区域的天气。当风从一块区域吹向另一块区域时，对这些区域进行建模的处理器之间必须进行通信。那些对地理上分离的区域进行建模的处理器可以独立、并行地运行，因为这些区域的天气之间几乎没有关系。模拟计算既可以是局部的，也可以是并行的，因为控制天气的物理定律也具有这两种特性。

天气模拟和物理定律之间显然存在联系。许多其他计算任务和物理世界之间的联系更为微妙。例如，电话费用的结算方法是并行的，因为电话和所对应的客户在物理世界中是独立运行的。只有一类问题我们不知道如何在并行计算机中有效地解决，即那些规模随着时间的推移而不断变大的问题，比如预测行星的轨迹。具有讽刺意味的是，最初正是为了解决这个问题，许多数学计算工具才被发明出来。

行星的轨道是九大行星和太阳之间动量和引力相互作用法则的结果。为了简单起见，我们将忽略诸如月球和小行星等小型天体的影响。我们可以用 9 个坐标来表示解决这个问题所需的全部信息，因此数据量并不大。这个问题的计算难度在于如下事实：进行运算时需要计算出行星的连续轨迹。而这个过程由数十亿个小阶段组成，每个阶段都代表了一段很短的时间。我们知道的唯一能计算出行星在未来 100 万年后的位置的方法是，计算出它们从现在起每隔一个时间段后的位置。一方面，我不知道这个问题是否存在并行的解法，正如解决追踪链问题时使用的方法；另一方面，据我所知，没有人能证明，轨道预测问题在本质上是顺序性问题。因此，这是一个悬而未决的问题。

当今，高度并行的计算机已经相当普遍，主要应用于大型数值的计算（例如天气模拟）或者大型数据库的计算，例如从信用卡交易记录中提取市场营销数据。由于并行计算机和个人计算机的组成零件是相同的，因此随着时间的推移，它们会变得更加便宜和常见。最有趣的一种并行计算机碰巧是从顺序计算机网络中出现的。这个被称为互联网的全球计算机网络主要被用作通信系统。这些计算机主要起到了媒介的作用，即存储和发送那些仅对人们有意义的信息，比如电子邮件。我相信今后的情况会出现变化，因为现在已经开始出现允许计算机像交换数据那样交换程序的标准了。互联网上的计算机一起合作产生的潜在计算能力，远远超过了历史上的任何一台计算机。

我相信，互联网发展到最后，一定会将电话、汽车以及家用电器都嵌入计算机内。这些计算机将直接从物理世界中读取和输入信息，不再依赖人类作为中间人。随着互联网上的信息变得越来越丰富，以及相连的计算机之间的交互形式变得越来越复杂，我预测，互联网将会开始呈现出一些涌现行为（emergent behavior），这些行为会超出程序规定的系统行为范围。事实上，互联网已经开始显示出这种迹象。不过，到目前为止，大部分内容都十分简单，比如计算机病毒的蔓延、无法预测的信息路由模式等。随着网络中的计算机可以交换程序，而不仅是收发电子邮件，互联网的行为将会变得不像网络，而更像并行计算机。我还坚信，互联网中的涌现行为会变得更加有趣。

THE PATTERN ON THE STONE

08

能自我学习和进化的计算机

并非所有的程序都是一成不变的，我们可以编写出随着经验的积累而不断完善的程序，当计算机运行这样的程序时，就能够从错误中积累经验，纠正问题。

到目前为止，我们讨论过的计算机程序只能根据程序员提供的固定规则运行，它们无法自己发明新规则，也无法改动赋予它们的规则。对于国际象棋程序来说，如果程序员不去修补程序中的漏洞，那么无论它们下了多少盘棋，都会一遍又一遍地犯同样的错误。从这个意义上来说，计算机是完全可预测的，也正是从这个角度来说，计算机只能做程序规定它们去做的事情。在关于“人类和机器”的争论中，这是人类辩护者经常提出的一个论点。

然而，并非所有的程序都是一成不变的。我们可以编写出随着经验的积累而不断完善的程序。当计算机运行这样的程序时，它们能够从错误中积累经验，并纠正问题。计算机可以通过反馈系统来实现这一功能。任何基于反馈机制的系统都需要如下三类信息：

- 什么是理想的状态（目标）？

- 当前状态和理想状态之间有什么差异（误差）?
- 采取什么样的行动会减少当前状态和理想状态之间的差异（响应）?

反馈系统根据误差来调整响应动作，以实现目标。最简单和最常见的反馈系统不是学习系统，而是控制系统，典型的例子就是家用暖气系统中的恒温器。该反馈系统只能识别两种类型的误差，以及采取两种类型的响应动作。该系统的目标是维持特定的室内温度，两种可能的误差分别是室温太高和室温太低。响应动作是预先确定的，即如果温度太低，启动电热装置；如果温度太高，则关闭电热装置。由于恒温器只能开启或者关闭电热装置，因此响应动作与误差的大小无关。我曾多次向我的家人解释这一事实。当房间里的温度变得很低时，他们坚持将恒温器调到最大值，希望让屋内更快暖和起来。然而，这个办法并不起作用，因为恒温器只能开启电热装置，并不能提高其温度。

然而，从原理上来说，家用暖气系统中的恒温器并不是不能按照误差比例来调节输出。若想实现这一点，系统还要能调节电热装置的输出大小，而不是只能开启或者关闭电热装置。这种装置无疑会变得更加复杂和昂贵，不过，它能够更加精准地控制室温。如今这种比例控制恒温器已用于控制复杂的工业过程系统。一些家用电器也采用了比例控制或者与之类似的方法，例如某些型号的日本洗衣机，这种特性通常被称为模糊逻辑（fuzzy logic）。

使用比例控制系统的另一个例子是飞机的自动驾驶系统，例如，我们的目标是让飞机保持固定的飞行方向。测向仪（例如罗盘）会测量飞机飞行方向的误差。自动驾驶仪会通过调整飞机的方向舵来做出响应，其大小和方向与误差的大小和方向成正比。因此，轻微的方向误差只会使方向舵发生轻微的变动，而巨大的方向误差会使方向舵发生较大的变动，例如，风向突然转变所导致的飞机大幅度转向。如果自动驾驶系统没有采用比例控制，而是和家用取暖系统中的恒温器一样，只能使方向舵左移或右移，那么飞机就会剧烈摇晃，而且也非常危险。

在上述的所有反馈系统中，误差和响应动作之间的关系是固定的。控制系统预先设定了响应的灵敏度。不过，也可以设计出一种更灵活的反馈系统，其响应动作可以随着时间的变化而变化。在这种情况下，第一个反馈系统的参数可以由第二个反馈系统来调整。如果第二个反馈系统随着时间的不断变化而改进，那么该系统便“学会”了控制参数。

我们以人类飞行员学习驾驶飞机的过程为例。在通常情况下，飞行员最初都会过度转向，也就是说，对每个误差都会矫枉过正。此时飞行员使用的策略和恒温器的控温系统类似：如果飞机向左偏得太远，则向右转；如果飞机向右偏得太远，就向左转。由于飞机转向舵的转向和飞机方向的改变之间存在时间上的延迟，因此系统开始左右摇晃。飞行员需要学习如何根据误差的大小按比例来改变方向舵，这需要估计方向舵的响应灵敏度。飞行员可以通过另一个反馈系统来掌握该灵敏度的参数。在这个反馈系统中，反馈的目标是让飞机保持正确的航向且不出现摇晃，系统和误差是摇晃的程度，系统的响应动作是调整第一个反馈系统的响应动作，也就是说，调整方向舵以纠正飞机航向偏离角所导致的位移量。当飞行员的第一个反馈系统开始摇晃时，第二个反馈系统就会减少响应输出；当飞机开始偏离航向时，就会增加响应输出。一旦飞行员适应了飞机的灵敏度，他就能让飞机在不出现任何摇晃的情况下保持正确航向。

综上所述，我们可以制造出利用第二个反馈系统来调整其自身参数的自动驾驶仪。在这种情况下，我们可以说这个自动驾驶仪“学会”了驾驶飞机，其学习方式与人类飞行员的学习方式一样。据我所知，真实的飞机上并没有使用这种自适应性自动驾驶系统。不过，如果它们能得到应用，一定具有优势。如果飞机受到了损坏，并导致飞机的响应性能发生故障，比如飞机转向舵部分失效，那么自动驾驶仪便能够应对这种特殊情况。如果飞机转向舵的控制电机意外反转，导致让飞机右转的信号反而让飞机左转，那么自动驾驶仪也能够应对这种情况。和人类飞行员一样，自动驾驶仪需要相当长的时间来适应环境中出现的剧烈变化。

训练计算机

反馈这一基本概念对所有学习系统来说都至关重要，尽管它通常比具备自动调整能力的自动驾驶系统更加复杂。通常来说，计算机程序中的反馈作用是通过不断训练样本而获得的。训练员（通常是人）扮演着教师的角色，程序则是学生。人工智能领域的先驱帕特里克·温斯顿（Patrick Winston）曾经编写过一个程序，它能从训练员提供的一系列正样本和负样本中学习“拱门”等概念，该程序是训练学习系统的经典案例。温斯顿设计的程序通过观察一组用简单的线条画成的块来学习新概念。该程序能够分析这些线条画的特点，并生成这些块的符号化描述。例如，“两个互相接触的立方体支撑着一个楔形体”。训练员会向程序展示一些构成拱门结构的模型示例，以及其他无法构成拱门结构的模型示例，以此告知程序哪些结构是“拱门”，哪些结构不是。最初，程序并没有关于“拱门”的定义，但当它看过这些正样本和负样本之后，便会开始形成有效的定义。每当给程序展示一个新样本时，它都会用这个定义来审核该样本。如果这个定义能准确地描述正样本或者排除负样本，那么程序就无须修改这个定义。如果这个定义出了错，就需要修改以匹配新样本。

下面这个例子说明了程序是如何从几个样本中学习“拱门”的定义的。假设展示给程序的第一个样本是一个正样本，即图 8-1 中的样本 A，其中，两个直立的长方体模块支撑着一个三角体模块。程序在形成拱门的定义时，首先需要做出一个初始猜测。这个初始猜测不必十分准确，因为它会根据未来的样本进行修改。假设程序将模块形状作为它对定义的初始猜测：拱门是两个长方体模块和一个三角体模块。假设展示给程序的第二个样本由相同的模块组成，但它们都倒在地面上，即图 8-1 中的样本 C，那么这便是一个负样本，也就是说，该样本不是一个拱门。然而，程序的初始定义却错误地将这个负样本识别为拱门，因此它需要改进定义，以将此样本排除在外。程序还可以识别出定义和样本之间的差异，并将此差异作为新的限制条件加入定义中。在这个例子中，两者之间的差异在于模块之间的位置关系，所以修正后的定义将包含这种关系：拱门是两个直立的长方体模块，上面支撑着一个三角体模块。假设现在训练员提供了另一个正样本，即图 8-1 中的样本 B。在这个样本中，顶部的模块为长方体模块，而非三角体模块。由于程序中的定义范围不够广泛，没有包含这个正样本，所以程序需要扩展其“拱门”的定义范围以涵盖其他形状。

在给程序展示了各种样本之后，它会对拱门形成这样的定义：由两个互不接触的、直立的长方体支撑着一个棱形体。程序从错误中学习定义每个要素，并根据错误调整定义内容。一旦程序得到了正确的定义，它就不会再犯错误，定义也不会再有变动。此时，即使程序之前从未见过某个模块集，它也能够准确地识别出所有展示给它的拱门，因为它已经掌握了“拱门”的概念。

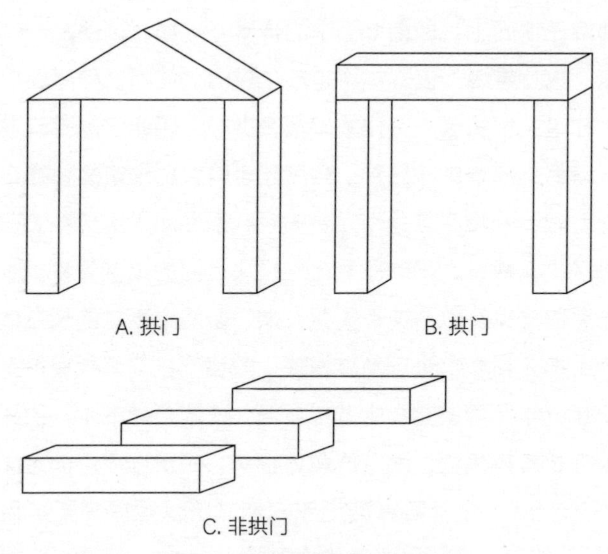

图 8-1 拱门的正样本和负样本

神经网络

温斯顿设计的程序掌握了“拱门”的概念，不过，这是建立在其他诸如“接触”“三角体模块”“支撑”等概念从一开始就已输入程序的基础之上。这种表示方式是专为各种形状的模块设计的。为了寻求更通用的表示方案，许多研究人员开始研究类似于生物神经元网络（比如大脑中的神经网络）的计算系统，这种系统被称为人工神经网络。

人工神经网络是由人工神经元组成的模拟网络。该模拟任务可在任何类型的计算机上完成。由于人工神经元能够并行工作，因此并行计算机是执行该模拟任务的最佳工具。每个人工神经元都有一个输出和多个输入，其输入数目达到数百或者数千个。在最常见的神经网络类型中，神经元之间的信号是二进制的，即 1 或 0。一个神经元的输出可以连接至许多神经元的输入。神经元的每个输入有一个与之关联的数，被称为权重，它决定了该输入对神经元输出的影响程度。这个权重可以是任意数，正数和负数皆可。因此，神经元的输出由进入输入端的所有信号共同决定。神经元通过将每个输入信号值乘以输入权重，然后对所有的结果求和，最终得出输出。换句话说，它将所有接收到信号 1 的输入的权重都相加。如果权重之和达到某个阈值，则输出为 1；否则，输出为 0。

粗略地来说，人工神经元的功能相当于大脑中某类真正的神经元的功能。真正的神经元也拥有一个输出和多个输入，输入的连接点称为突触，它们的连接强度各不相同（对应于不同的输入权重）。信号可以强化或者抑制神经元的放电行为（对应于正数权重和负数权重），当输入的累积刺激等于或者高于某个阈值时，神经元就会放电。人工神经元和真正的神经元在上述几个方面是类似的。当然，真正的神经元比人工神经元复杂得多，不过，这种简单的人工神经元已经足以构建一种能够自我学习的系统了。

需要注意的是，人工神经元能用于执行“与”“或”“非”等逻辑运算。如果阈值为 1 且输入权重都等于或者大于 1，则人工神经元可以实现逻辑“或”的功能。如果一个人工神经元的输入权重之和等于阈值，便可以实现逻辑“与”的功能。如果人工神经元只有一个输入的权重为负且阈值为 0，则可以实现逻辑“非”的功能。由于通过“与”“或”“非”三种逻辑功能的组合可以构造出所有逻辑功能，因此神经元网络可以实现所有的布尔功能。人工神经元是一种通用构件。

我们还不太了解大脑是如何工作的，不过，某部分大脑似乎可以通过修改连接神经元的突触的强度来学习新知识。我们在低等生物（比如海螺）身上做了实验，情况就是如此。通过训练，海螺可以形成某些条件反射，并且证明了：它们是通过改变神经元之间突触的连接强度来获取这些条件反射的。假设人类的学习方式与之相同，那么当你阅读这本书时，你正在调整大脑神经元之间的连接，至少我希望是这样。

人工神经网络可以通过改变其连接的权重来进行学习。感知系统便是一个很好的例子，它是一种十分简单的神经网络，可以学会识别模式。感知系统的学习方式代表了大多数人工神经网络的运作方式。感知系统是一种具有两层神经元和单个输出的神经网络。第一层神经元的每个输入会连接到某个传感器上，例如用于测量图像上某点亮度的光线检测器；第二层神经元的每个输入与第一层神经元的输出相连，如图 8-2 所示。

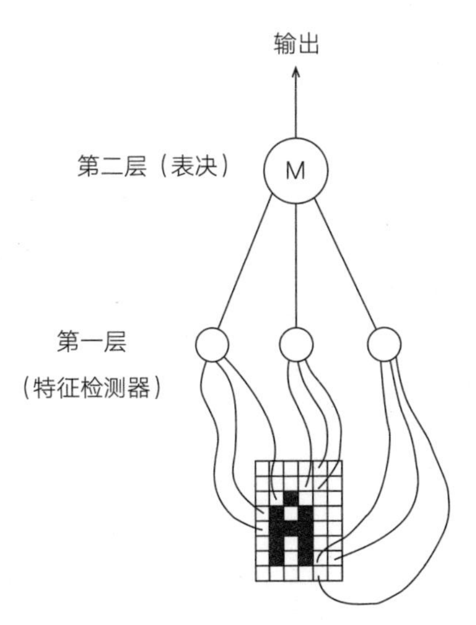

图 8-2 感知系统

若想让感知系统识别出字母 A，我们就会通过给它展示字母“A”的大量正样本和负样本来实现。我们的目标是让感知系统调整第二层神经网络的权重，使得当且仅当给它展示字母 A 的图像时，其输出为 1。实现此目标的方法是，在它每次犯错后不断调整这些权重。无论给它展示何种样本，感知器第一层中的每个神经元都只关注其中的一小块区域。通过事先的设计，第一层神经网络中的每个神经元都能识别一种特定的局部特征，例如特定的角度或者特定方向的线条。神经元是依靠其本身输入的固定权重来实现这一点的。例如，图 8-3 展示的图像为第一层网络中某个神经元的感受野对应的权重模式，该感受野可以识别尖角，比如位于大写字母 A 顶部的一点。

- - - - - -
- - + - - -
- + + + - -
- + + + + -
+ + + + + +
+ + + + + +

图 8-3 某个神经元感受野对应的权重模式

感知系统中的第一层神经网络包含了数千个这样的特征

检测神经元，每个神经元都能用于识别感受野中特定区域内的特定局部特征。第一层神经元检测图像中的特征，这些特征可用于区分不同的字母。字体中的衬线体易于检测，能让感知系统更容易地识别出字母，就像它们能使特定字母更容易被人眼识别出来一样。

第一层神经元中的局部特征检测器提供证据，第二层神经元中的权重决定如何衡量这些证据。例如，图像上部指向上方的尖角是有利于识别字母 A 的证据，而图像中部指向下方的尖角则是不利证据。感知系统通过调整第二层输入的权重进行学习。学习算法十分简单：一旦训练员向感知系统指出出现的错误，它就会调整引发此次错误的所有输入的权重，以降低未来出现同样错误的可能性。例如，如果感知系统错误地将其他图像识别为 A，那么在输入中所有支持这一错误结论的输入权重都将减小；如果感知系统没能识别出真正的字母 A，那么在输入中所有支持字母 A 的输入权重将会增加。如果感知系统拥有足够多合适的特征检测器，那么这种训练方法最终会教会它如何识别出真正的字母 A。

感知系统的学习过程是反馈系统的一个例子，其目标是设定正确的权重，误差是对培训样本的错判，响应动作是不断地调整权重。需要注意的是，与温斯顿设计的“拱门”识别程序一样，感知系统只能通过犯错来学习。这是所有基于反馈的自学习系统的共同特点。假设预期的权重（利用该权重即可准确地完成任务）确实存在，那么只要给予足够的训练，这个反馈过程将始终收敛于正确的权重。虽然从这一点来看，感知系统似乎是一种完美的模式识别器，但关键的问题在于，这是建立在假设（存在一组正确的、能完成任务的权重）成功的基础之上的。为了识别出各种大小、字体和位置的字母 A，感知系统需要在第一层神经网络中安装大量特征检测器。

如果给予感知系统足够多的特征，它们就能够学会识别所有字母。不过，对于一些比字母更复杂的模式，感知系统无法以任何方式将局部特征综合起来识别它们。例如，如果只是简单地综合局部的斑点信息，那么感知系统便无法判断图像中的所有斑点是不是连通的，因为连通性是全局属性，局部特征不能作为支持或者不支持连通性的证据。图 8-4 截自马文·明斯基和西摩·佩伯特（Seymour Papert）的著作《感知系统》(*Perceptrons*)，这本书指出，仅通过观察局部特征不能判断连通性。

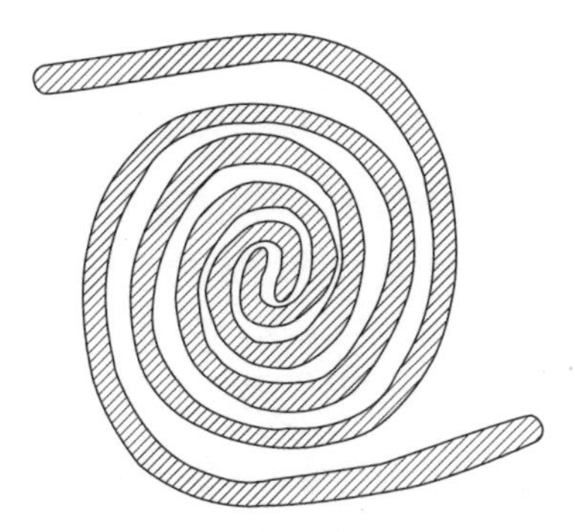

图 8-4　螺线感知系统

出于各种原因，在识别大多数模式时，双层感知系统并不是最实用的神经网络。拥有更多层数的更通用的神经网络能够识别更复杂的模式。这类神经网络采用了类似的学习策略，它们通常用于诸如图像和语音识别之类的任务，这些任务难以通过一组固定的规则来描述。例如，许多儿童玩具中的简易词语识别系统就是建立在神经网络基础之上的。

自组织系统

基于正样本和负样本的学习系统有一个缺点，即它需要训练员对这些样本进行分类。不过，存在一种不需要训练员的神经网络，这类网络可以自己生成训练信号。这种可以自动训练的神经网络是一种自组织系统。关于自组织系统的研究已经持续多年了，艾伦·图灵就在该领域取得过重要成果。最近，这个系统又出现了新的研究动向，并取得了一些进展，部分原因在于计算机的运行速度更快了。和神经网络一样，自组织系统非常适合并行计算机。

将图像从眼睛传输至大脑的过程是有效自组织系统的一个很好的例子（见图 8-5）。首先，图像被投影到视网膜上，视网膜是一张由感光神经元组成的薄膜。然后，视网膜上的图像被一束可以传递图像的神经元传导至大脑，产生一个相同的投射映象。如果这束神经元的连接存在问题，那么投影图像就会出现一些扭曲，即每个像素点都位于错误的位置。有一种自组织神经网络可以学会复原图像，将每个像素点复原至正确的位置。该复原系统由以二维阵列形式排列的单层神经元组成，这些神经元的输出形成了校正后的图像。如果图像的扭曲程度比较轻微，那么扭曲的图像中的像素点就位于正确的位置附近。每个神经元的输入会关注扭曲图像中的某个局部区域内的像素点，并学习应该将哪些像素点连接至输出以复原图像。神经元将正确输入的权重设置为 1，将其他输入的权重设置为 0，从而形成上述连接关系。

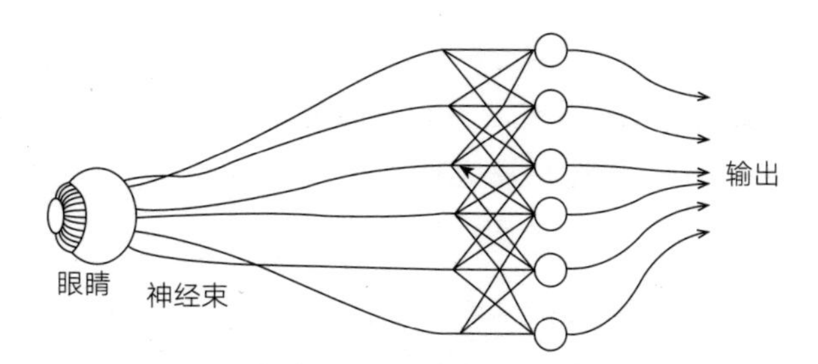

图 8-5 眼睛、偏离的视神经束以及复原系统

复原系统的训练算法基于如下事实：图像的结构是非随机的。如前所述，真实的图像并不是由像素点组成的随机阵列，而是物理世界的图景。因此，图像中的局部区域看起来是相同的。复原系统会反过来利用该结论，它假设，看起来相同的像素点应该彼此接近。在处理一系列图像的过程中，复原系统中的神经元通过测量其输入与相邻神经元的输出的相关性来进行工作。每当某个神经元的输出与其相邻神经元的输出有所不同时，即当它犯错时，这个神经元会增加与相邻神经元的输出相匹配的输入的权重，并降低其他输入的权重。当然，这个神经元的相邻神经元同时也在学习自己的连接关系。所以，开始阶段的情况就相当于盲人给盲人引路，但最终有一些神经元开始固定它们的正确输入，从而成为其相邻神经元的有效训练员。同样，唯一需要调整的神经元是那些犯错的神经元。当神经元彼此训练时，原始图像就开始出现在神经元的输出中，并且神经网络最后会进行自我组织，以生成一幅非常清晰的图像。

自动调整的自动驾驶仪、温斯顿设计的“拱门”识别程序、感知系统以及图像复原系统只是自我学习系统的其中几个例子。所有这些系统都是基于外部或者内部的反馈，并且可以通过纠正错误来不断学习。上述每个系统的设计都受到了具有类似功能的生物系统的启发。在收获这些科技发展成果时，我们就像伊索寓言《会下金蛋的鹅》中的傻瓜一样，选择了金蛋而非下金蛋的鹅。在下一章中，我们会讨论“鹅”的问题。

THE PATTERN ON THE STONE

09 超越工程

人工智能是计算机发展到一定程度时才出现的。搞清楚人类大脑的运行机制，对于构建足够“聪明”的人工智能来说至关重要。

传说在 13 世纪，有位名叫罗杰 · 培根（Roger Bacon）的科学家对巫术有所涉猎，他曾经制造了一颗会说话的机械头颅。传闻他想在王国周围建造一道城墙，用来抵御英格兰的侵略。他造此头颅就是为向它咨询如何修建这道城墙。培根的头颅是用黄铜做成的，其中每个细节都是模仿真人设计的。做成之后，他将这颗机械头颅架在火上烤，并口念咒语，这个过程持续了好几天。最终，这颗机械头颅苏醒了，开始说话了。不幸的是，此时培根由于施法而疲惫不堪，不由自主地睡着了，而年轻的徒弟不愿意因为一颗黄铜头颅的胡言乱语而叫醒沉睡的师父。最终，在培根向它提问之前，机械头颅在火中爆炸了。

除了培根，祈求于人工智能的人还有很多，包括德达拉斯（Dedalus）、皮格马利翁（Pygmalion）、艾伯塔斯 · 马格努斯（Albertus Magnus）以及布拉格的拉比学者等。这些祈求者的故事有一个共同的主题，即若想让某物具备思维能力，必须经过某种形式的熬炼和熟化。在计算机被发明之前，几乎没有人能想到，和思维一样复杂的过程能分解为可以通过装置实现的运算步骤。相反，当时的假设是，如果要创造出一种智能，就应该经历一个涌现的过程，即这样一种过程：复杂行为的涌现是数十亿局部而微小的交互行为的整体结果。这一假设的构想基础是：魔术师需要的不是正确的设计连线图，而是正确的配方。根据这个配方，各种成分可以自我组织形成智能，这个过程可以让魔术师在无法准确理解该过程或者智能本身是如何工作的情况下，创造出智能。

不过，我倒是基本上认同这种前科学的理念。我相信，远在理解自然智能之前，我们就能创造出人工智能。我也认为，智能最终会从一系列复杂的交互行为中产生，但我们可能并不了解这些交互行为本身的细节，也就是说，这个过程不同于设计工程机械，而更像是烤制蛋糕或者打理花园。我们不是去设计人工智能，而是营造一个有利于培育人工智能的良好环境。人类在技术上的最大成就可能就是，制造出了跳出工程设计思维的工具，使我们的创造力超越了理解力。

在讨论这个设计过程如何发挥作用之前，我们先来看看智能的最佳例子：人类的大脑。因为大脑本身是通过达尔文的进化过程“设计”出来的，所以将它和我们之前讨论的工程设计进行对比十分有意义。

大脑

人类大脑约有 10^{12} 个神经元，每个神经元平均拥有 10^5 个连接。在某种程度上，大脑是一个自组织系统。然而，如果将它视为一堆同质的物质，那就大错特错了。大脑包含数百种不同类型的神经元，其中许多神经元只出现在特定区域。针对脑组织的研究表明，不同大脑区域内神经元的连接模式各不相同：其中大约有 50 个区域的连接模式存在明显的不同，实际的区域数目可能更多。不过，它们在神经解剖学上的差异太小，我们难以区分。

很显然，大脑中的每块区域都具备特定的功能，例如辨别视觉图像里的颜色、发出语音中的语调或者记住事物的名字。我们之所以知道这些，是因为当特定区域因事故或者中风而受损时，与之对应的大脑功能将会丧失。例如，当大脑额叶左侧的 44 号和 45 号区域，也就是布罗卡区受到损伤时，人们就无法说出语法正确的句子。更糟糕的是，虽然他们可能吐字清晰，能理解别人的话，但无法再遣词造句了。位于大脑偏后方的环状脑回区一旦受到损伤，将导致人们读写困难。当其他某个区域受到损伤时，将导致人们无法回忆起熟悉的事物的名字，或者认出熟悉的面孔。

认为大脑的各个区域类似于计算机的功能构件，这种观点是错误的。首先，对于大脑中的大多数区域来说，一个区域的损伤并不会导致某种明显的功能障碍。例如，移除大部分右额叶有时只会改变这个人的某种性格，有时甚至不会引起任何明显的变化。其次，即使在那些功能丧失十分明显的情况下，也不能贸然断定该功能只由受损区域负责，这个区域有可能仅提供该功能所需的一些次要辅助条件。虽然一辆汽车在电池耗尽之后无法启动，但我们不能就此认为电池是驱动汽车前进的唯一原因。

实际上，我们可以弄清楚大脑某些区域的连接模式，尤其是靠近大脑后部、与视觉处理相关的区域。例如，有些大脑区域接受来自左眼和右眼的输入信息，并实现立体视感的连接模式。不过，在大脑的大部分区域，“布线模式”仍然是一个谜，甚至，大脑通过硬接线方式实现特定功能的观点也可能是不正确的。例如，左脑似乎负责语言功能，而右脑似乎主要负责空间认知功能，比如理解地图的能力。然而在显微镜下，左脑和右脑的组织模式看起来几乎相同。如果大脑的左右半球的连接模式存在系统差异，那么这种差异也非常微妙，我们难以辨别。

可能的情况是，大脑功能可以通过某种自组织过程形成，该过程能改变各种突触连接的强度，以便使这部分区域满足特定功能。从一定程度上来说，这一点肯定是正确的。例如，当猴子失去一根手指后，它会继续使用之前用来处理来自这根手指的信息的大脑区域。这些空闲的神经元会被重新用来处理来自其他手指的信息。人类在中风痊愈后，很可能采用了类似的方法来重新安排大脑功能。中风患者最初可能会失去特定能力，比如辨识面孔，但随着时间的推移，他们可以重新学会这种能力。由于受损的神经元无法再生，因此患者可能通过调用大脑其他区域的神经元来重新获得相应的能力。

如果诸如辨识面孔和语言理解等能力可以在大脑的不同区域内实现，那么从某种意义上来说，这些功能从一开始就被嵌入了大脑。新生婴儿在刚出生的前几天，对人脸特别感兴趣，在他们学会分辨简单的形状之前（比如字母），就学会了辨识人脸。同样，婴儿似乎倾向于留意声音中的某些特定模式，这使他们能够学会单词和语法。语言处理和辨识面孔等功能最终由大脑的不同区域来实现，这大概是因为这些大脑区域已经以某种方式做好了执行不同功能的准备。

即使大脑中某些区域的功能是通过硬接线的方式实现的，但布线模式也不同于计算机中功能块的层次结构，即没有输入到输出的简单模式。相反，连接关系通常是双向的，也就是一组神经元同向连接，另一组神经元反向连接。

关键的问题在于，大脑不仅具有很复杂的功能，而且其结构也与工程机器大不相同。这并不意味着我们无法设计出能执行大脑功能的机器，而是意味着我们不能将智能视为一种按层次结构设计的机器，指望通过分解和分析便能理解。

大脑的功能可能与大脑的结构一样复杂。在这种情况下，我们还不能真正地理解大脑。在工程设计中，我们处理复杂系统的方式就是，将整体分解为若干子部分，一旦我们理解了每个部分，就掌握了各部分之间的交互关系。我们理解每个子部分的方式就是，递归地应用这一分析过程，将每个子部分再分解为更小的子部分，以此类推。电子计算机及其所有软件的设计历程深刻地说明了这一过程可以进行到何种地步。只要详细规定并实现每个部分的功能，并且只要不同部分之间的交互行为是可控和可预测的，那么这种“分而治之”的工程方法就是有效的。然而，像大脑这样的进化产物并不具备这种层次结构。

模块化的问题

工程设计方法的致命弱点在于，它依赖于严密的层级结构，这必定会导致机器缺乏灵活性。正如第 6 章所讨论的那样，具有层级结构的系统容易发生灾难性故障，从这个角度来说，它们是脆弱的。从本质上来说，工程产品是脆弱的，因为工程系统中的每个子系统都必须符合规定它与其他子系统如何交互的设计规范。这些规范就像各个子系统之间的一种协议，如果有一个子系统违反了该协议，则系统设计依赖的假设便不再有效，系统就会以一种不可预测的方式崩溃。单个低级部件的故障可能会在整个系统中扩散，带来灾难性的后果。当然，在设计诸如计算机和飞机等复杂系统时，设计师会避免这些所谓的单点故障，方法就是利用第 6 章介绍的冗余技术。不过，这些技术只能防止系统出现预期范围内的故障。随着机器变得越来越复杂，若想准确地预测并完全掌握特定故障的所有潜在后果，则会异常困难。

然而，问题远不止单个部件失效这么简单。在复杂系统中，即使所有部分都运行正常，当它们之间进行交互时也会产生一些意料之外的行为。通常，当大型软件系统出现故障时，负责每个子系统的程序员都会据理力争地说明自己的子程序没有问题。他们的说法往往是正确的，即每个子程序都准确地实现了各自规定的功能。系统缺陷源自规定每个子系统应该做什么以及它们之间如何交互的标准规范。如果没有预料到所有可能的交互行为，就很难正确地编写这些标准规范。对于大型复杂系统来说，比如计算机操作系统或者电话网络，即使每个子系统都按设计运行，也经常会出现一些令人费解和意料之外的行为。你或许还记得，十几年前，美国东部的几条长途电话线路停止接通呼叫达数小时之久。该系统采用了基于冗余结构的复杂容错机制。当时系统中的所有部件都运行正常，但运行于不同转接站上的同一软件的两个不同版本在交互时出现了意外，导致整个系统瘫痪。

令我感到惊讶的是，工程设计方法在实践中仍然非常有效。设计像计算机或者操作系统这样复杂的对象时，可能需要数千人。如果系统非常复杂，就没有人能掌握系统的全貌。这种情况带来的后果是，弄错接口以及设计的低效性会导致许多错误，而随着系统变得越来越复杂，接口问题会变得更加严重。

需要注意的是，上述列举的问题并不是机器或者软件自身固有的缺陷，它们是在工程设计过程中产生的缺陷。我们知道，并非所有复杂的事物都是脆弱的，比如大脑远比计算机复杂，但不易发生灾难性的故障。大脑和计算机之间的可靠性对比说明了进化产物和工程设计产品之间的差别。计算机程序中的单个错误可能会导致整个计算机崩溃，而大脑通常可以容忍错误的想法和的信息，甚至部分功能失常。在大脑中，虽然不断有神经元在衰亡，并且再无新的神经元补缺，但除非遭到严重的损伤，否则大脑都会设法适应和弥补这些问题。具有讽刺意味的是，在我写这一章时，我的计算机崩溃了，需要重新启动，而人类大脑几乎不会崩溃。

模拟进化

在创造人工智能时，除了工程设计，还有什么其他途径呢？一种途径是在计算机中模拟生物进化的过程。模拟进化过程能为我们设计复杂的硬件和软件带来启发，还可以避免许多源自工程设计的弊端。为了理解模拟进化如何进行，我们来看一个具体的例子。假设我们要设计一款可以降序排序数字的软件。标准的工程设计方法是，使用第 5 章介绍的一种排序算法，编写对应的程序，但在这里，我们考虑如何“进化”出这款软件。

第一步，生成一组由随机程序组成的“种群”。我们可以根据伪随机数生成器生成随机指令序列的方式，创建出程序种群（见第 4 章）。为了加快这个过程，我们只能使用那些对排序有用的指令，比如比较和交换指令。这里的每一个随机指令序列都是一段程序：随机种群将包含 10 000 个这样的程序，每个程序包含几百条指令。

第二步是测试程序种群，找到哪些程序是最有用的。这需要我们运行每一个程序，判断它们能否将测试序列正确地排序。当然，由于程序是随机的，几乎没有一个可以通过测试，但如果运气足够好，有些程序会更接近正确的排序。例如，在偶然情况下，某个程序可能会将小数值数字移动至序列末端。通过在几个不同的数字序列上测试每个程序，我们可以为它们的适应度打分。

第三步是从得分高的程序中生成新的程序种群。为此，我们需要删除低于平均分数的程序；只有适应度最高的程序才能留存下来。然后，给幸存的程序增加微小的随机改动，并对其进行大量复制，新的程序种群就这样被创造出来了，这个过程类似于具有变异特性的无性繁殖过程。或者，我们可以通过将上一代种群中的幸存者进行配对来“培育”新程序，这个过程类似于有性繁殖，实现的方法是，融合来自每个“父母”程序的指令序列，再生成“孩子”程序。“父母”程序能够留存下来的原因可能是它们具有有用的指令序列，因此“孩子”程序很可能从“父母”程序那里继承了最有用的特征。

当新一代程序生成之后，它们会再次接受相同的测试和选择过程，那些最适合的程序会继续留存下来并进行繁殖。并行计算机每隔几秒就会生成新一代程序，因此选择和变异的过程可以重复数千次。每当生成新一代程序时，程序种群的平均适应度就会提高，也就是说，这些程序的排序结果将会越来越准确。经过几千次迭代后，程序将会得出完全准确的排序结果。

我曾经用模拟进化过程的方法设计了一款程序，用来解决特定的排序问题。因此，我知道这种过程是行之有效的。在我的实验中，我喜欢那些能快速地进行排序的程序，因此运行更快的程序更可能留存下来。这个进化过程创造出了速度很快的排序程序。实际上，对于我感兴趣的问题来说，通过进化得来的程序比第 5 章所讲的任意一类算法都要稍快一些，而且，它们的数字排序速度比我自己编写出的程序还要快。

很有趣的一点是，我并不知道在实验中进化得来的排序算法是如何工作的。我虽然仔细地检查了它们的指令序列，但还是无法理解它们，除了这些指令序列本身，我找不到关于这些程序如何工作的更简单的解释。可能这些程序是不可理解的，我们没有办法将程序的操作过程分解为一种可理解的层次结构。如果事实真是如此，即如果进化能够产生与排序程序一样简单但根本无法理解的事物，那么这对我们探究人类大脑的前景来说并不是什么好兆头。

我已经用数学检验的方法证明了通过进化的方式得到的排序程序是一种完美的排序机。不过，相比于数学测试，我更信任生成程序的过程。这是因为我知道，每个进化而来的程序都来自许多程序，这些程序能否留存下来取决于它们能否排序。

由进化产生的程序总是无法让人理解，这一事实会让人们在实际应用过程中感到不安。不过，我认为这种紧张不安源自错误的假设。第一个假设是通过工程方法设计的系统往往易于理解，但其实这只适用于相对简单的系统。如上所述，没有一个人能够完全理解一个复杂的操作系统。第二个错误的假设是，如果无法解释某个系统，这个系统就不太可靠。如果要选择乘坐一架由工程方法设计出的计算机程序或者人类飞行员驾驶的飞机，我会选择人类飞行员，即使我不明白人类飞行员是如何工作的，我也会这么选择，因为我更愿意相信飞行员的选拔过程。与排序程序一样，我知道合格的飞行员是从许多候选者中挑选出来的。如果飞机的安全性取决于对数列的正确排序，那我宁愿选择依靠进化得来的排序程序，而非由程序团队编写的程序。

进化出会思维的机器

模拟进化过程虽然并不能解决思维机器的问题，但为我们指出了一个正确的方向。关键的一点在于，将分层体系设计的复杂性问题转移到计算机的组合能力上。从本质上来说，模拟进化过程是一种启发式搜索技术，它可以搜索可能的设计空间，而用于搜索此空间的启发式方法就是：尝试与已有的最佳设计相似的设计方案，或者结合两个成功的设计方案的元素。这两种启发式方法都行之有效。

虽然模拟进化过程是一种创造新结构的好方法，但它在调整现有设计方面的效率很低。它的弱点和优势源于进化理论对“为什么”如此设计这个问题的内在盲目性。第8章描述的反馈系统会为矫正具体的故障做出相应的变化，但进化理论与之不同，它会盲目地选择和更改方案，而不会考虑这些变更会如何影响结果。

人类大脑同时利用了这两种机制，它既是学习的产物，也是进化的产物。进化勾画出了笼统的框架，而个体在与环境的相互作用中完善了细节。事实上，进化的产物并不是大脑的设计方案，而是过程（过程产生了大脑）的设计方案，它并非蓝图，而是秘方。多个层次的进化过程在同时进行，进化的过程为大脑的形成提供了秘方，推动了发育过程与环境的相互作用，并进一步激发了大脑。发育过程既包括内部驱动的形态发育过程，也包括外部驱动的学习过程。形态发育的力量促使神经细胞以正确的模式生长，而学习的过程则对神经连接进行微调。大脑学习的最终阶段是一种文化过程，通过世代相传，每代人获取的知识被传递下去。

由于我逐一讲述这些机制（进化、形态发育、学习），这个过程听起来似乎是离散的，但实际上，它们是协同交织在一起的。形态发育的力量与文化教育的过程之间没有明确的分界线。当一位母亲与新生婴儿咿咿呀呀交谈时，这既是一个教育的过程，也是促使婴儿大脑成熟的辅助手段。形态发育过程本身就是一个自适应的过程，生物体内的每个细胞都在与其他细胞持续的相互作用中生长，在复杂的反馈过程中纠正错误，并确保生物体的正常发育。

在创造物种的进化过程和创造个体的成长过程之间，也存在相互促进的交互作用，最能说明两者之间的交互作用的例子就是鲍德温效应。该效应由进化生物学家詹姆斯·鲍德温（James Baldwin）于 1896 年首次提出，大约一个世纪以后，计算机科学家杰弗里·欣顿（Geoffrey Hinton）重新发现了它。鲍德温效应的基本原理是，将进化与成长相结合时，可以加快进化速度；成长的自适应过程可以修复进化过程产生的缺陷。

为了理解鲍德温效应，首先我们必须认识到通过进化获得这种特性的难度，即需要多个突变共同出现才能获得。以鸟类筑巢本能的进化过程为例，我们先合理地假设，完成筑巢需要几十个独立的步骤，比如寻找树枝、用喙捡起树枝、将树枝带回巢穴等。在这个例子中，我们进一步假设，每个步骤都需要不同的突变类型，并且为了获得收益（形成一个完整的鸟巢），鸟类需要完成所有的突变。换句话说，即便只缺少一个步骤，鸟巢也无法筑成，那么这只鸟就会在与其他同伴的竞争中落败，无法获得进化优势。显然，通过进化获取这一特性的问题在于，只有当其他所有突变都存在时，进化才会选择其中一个突变，而在单个个体中同时出现所有这些突变的概率极低。由于任何单一步骤就其本身来说并无什么用处，因此我们很难想象诸如筑巢之类的行为如何进化形成。

鲍德温效应体现了进化与学习之间的相互促进的交互作用。这种交互作用有助于解决上述难题，其方法是当产生筑巢任务中的某一个步骤的突变时，这只鸟就会获得部分奖励。如果一只鸟儿天生就能完成其中的一些步骤，那么比起其他无法完成这些步骤的鸟儿，它就更具优势，因为它需要学习的步骤更少，所以更有可能学会筑巢。鸟儿每多一个与生俱来的步骤，学会筑巢的可能性就更高一些，因此每个步骤对它而言都很有价值。这样看来，每个突变都会受到单独的青睐。因此，随这些突变产生的各种筑巢步骤将会逐渐进入鸟类的本能库，并最终促使筑巢行为的出现，而且，比起侥幸等待单个个体中同时出现所有突变，这个过程用时更短。实际上，鸟类的学习能力加快了其进化速度。鲍德温效应不仅适用于学习过程，也适用于个体成长过程中所有的自适应机制。

我之所以对通过进化能获得思维机器的前景感到乐观，部分原因是我们不必从头开始，可以根据大脑结构的模式来“初始化”最初的机器种群。无论我们在自然系统中观察到何种成长和学习模式，都可以从中选择一种，即便我们没有完全理解它们。就算我们的猜测不太准确，这也会起到一定的帮助作用，因为在解决方案附近搜索比在随机区域搜索更有效。如果在这个过程中纳入某个成长模型，思维机器的进化便可以发挥鲍德温效应的优越性。

还有一种效应能显著减少复杂行为形成的时间，它被称为指导效应。至少从某种程度上来说，婴儿的智力之所以能开发是因为他能向其他人学习，部分知识可以通过纯粹的模仿获得，有些知识可以通过明确的指导获得。人类的语言是一种令人惊叹的机制，它能将思想从一个大脑转移到另一个大脑，能使人类以远超生物进化的速度将有用的知识和行为代代相传下来。人类智能的“秘诀”存在于人类基因中，也存在于人类文化中。

然而，即使从我们所熟知的一切开始，我也不会奢望仅通过一个步骤就能进化到高级人工智能阶段。接下来我们来探讨这一系列阶段可能经历的进化过程。首先，我们要设计一种具有昆虫智能的机器，然后创造一个有利于昆虫智能的简单环境。通过这种发育机制让某个初始种群开始逐渐形成我们在昆虫身上观察到的神经结构。接下来，通过一系列更为丰富的模拟环境，我们可以使昆虫智能进化为青蛙智能、老鼠智能等。仅仅实现这一步就需要数十年的时间，中途还可能陷入死胡同、出现很多错误，或者一遍遍从头做起。不过，这项研究最终可能会培育出与灵长类动物大脑的复杂性和灵活性相当的人工智能。

如果我们创造出了可以理解人类语言的机器，就能利用人类文化跳过上述步骤。我认为，教育这台智能机器的过程与我们教育人类孩子的过程是相似的，即需要教授知识，包括技能、事实、道德和故事等。由于我们将人类文化融入了机器智能的形成过程，因此最终得到的产物不是完全的人工智能，而是人工智能支撑的人类智能。出于这个原因，我希望我们能和谐相处。

当然，建造这样一种人工智能会引发一系列道德问题。例如，一旦这种智能机器被创造出来，将其关闭是否合乎道德？我认为关闭它们可能是不对的，但我无意以人工智能产物道德地位讨论者自居。幸运的是，我们还有很多年的时间来解决这些问题。

大多数人对所设想的未来场景中将会发生的道德问题并不感兴趣，他们更关心人工智能可能给人类自身带来的哲学难题。大多数人都不喜欢别人将自己与机器相提并论。这是可以理解的：将人类比作笨拙的机器，比如烤面包机和汽车，甚至计算机，确实听起来像是一种侮辱。认为人类的思维是现代计算机的近亲的观点就如同说人类是蜗牛的近亲，有损人类的尊严。然而，这两种说法都是正确的，且都对我们有所帮助。正如我们可以通过研究蜗牛的神经结构来了解自己，也可以通过研究当今计算机中简单的思维，学到关于自身的知识。我们也许是动物，但从某种意义上来说，我们的大脑是一种机器。

宗教界的许多朋友对我将人脑视为机器，将思维视为计算而感到震惊。我科学界的朋友也因我宣扬我们永远无法参透思维的奥秘而指责我是神秘主义者。然而，我依然坚信，无论宗教还是科学，都没有揭示出全部的真理。我认为，意识是一般物理定律作用的结果，也是复杂计算的某种表现形式。我认为，这些说法并没有使意识失去神秘感和神奇性。如果意识是其他事物的产物，只会使意识变得更加神秘。人类的神经元信号和思维感官之间存在一条巨大的鸿沟，凭借人类的理解力可能永远无法跨越。因此，当我说大脑是一台机器时，并不是对人类思维的贬低，而是对机器潜能的承认。我不是认为人类思维比我们想象的更加简单，而是相信机器能做的比我们想象的更多。

致 谢

最初，是约翰·布罗克曼（John Brockman）[①] 鼓励我写这本书的。他认为市面上需要一本简短易懂的书籍来总结计算机背后的原理。当时我觉得这是一项很简单的工作，但很快就发现，写一本主题如此宽泛的短篇著作要比写一

---

① 美国著名文化推动者、“第三种文化”领军人，他还是“世界上最聪明的网站”Edge 创始人，该网站每年一次，让 100 位全球最伟大的头脑坐在同一张桌子旁，共同解答关乎人类命运的同一个大问题，开启一场智识的探险，一次思想的旅行！湛庐集结策划出版的“对话最伟大的头脑系列”就是布罗克曼主编的 Edge 系列书籍，它们会带你认识当今世界上著名的科学家和思想家，洞悉那些复杂、聪明的头脑正在思考的问题，从而开启你的脑力激荡。——编者注

篇类似的长篇著作更为艰难。

我要感谢布罗克曼和威廉·弗鲁特（William Frucht）在本书出版过程中给予的帮助。我是在访问麻省理工学院媒体实验室期间写下这本书的，感谢那里所有曾经帮助和支持过我的老师和学生，尤其是实验室创始人兼执行总监尼古拉斯·尼葛洛庞帝（Nicholas Negroponte）。我在准备初稿时得到了黛比·怀德纳（Debbie Widener）以及贝蒂罗·麦克拉纳罕（Bettylou McClanhan）和佩吉·奥克利（Peggi Oakley）的大力协助。书中的大部分内容由我的朋友兼导师马文·明斯基和麻省理工学院其他启迪心智的老师传授于我，包括杰拉尔德·苏斯曼（Gerald Sussman）、克劳德·香农、西摩·帕佩特、托马索·波焦（Tomaso Poggio）、帕特里克·温斯顿和汤姆·奈特（Tom Knight）。

我还要感谢那些通读本文初稿并提出了重要意见的人们：杰里·莱昂斯（Jerry Lyons）、西摩·帕佩特、乔治·戴森（George Dyson）、克里斯·赛克斯（Chris Sykes）、布赖恩·伊诺（Brian Eno）、波·布朗森（Po Bronson）、阿盖·希利斯（Argye Hillis）和帕蒂·希利斯（Pati Hillis）。我还从汤米·波焦（Tommy Poggio）、尼尔·格申菲尔德（Neil

Gershenfeld）、西蒙·加芬克尔（Simon Garfinkel）、米切尔·雷斯尼克（Mitchell Resnick）和马文·明斯基等人那里获得了一些具体的有益建议。感谢本书编辑萨拉·利平科特（Sara Lippincott）的帮助，我感到非常幸运，她的编辑工作大大提高了本书的质量。最后，我要感谢我的家人：我的父母阿盖和比尔，他们培养并鼓励了我对机器设计的兴趣；我的孩子诺厄、阿萨和因迪，尤其是我的妻子帕蒂，她在本书写作期间一直耐心地鼓励和支持我。

未来，属于终身学习者

我这辈子遇到的聪明人（来自各行各业的聪明人）没有不每天阅读的——没有，一个都没有。巴菲特读书之多，我读书之多，可能会让你感到吃惊。孩子们都笑话我。他们觉得我是一本长了两条腿的书。

——查理·芒格

互联网改变了信息连接的方式；指数型技术在迅速颠覆着现有的商业世界；人工智能已经开始抢占人类的工作岗位……

未来，到底需要什么样的人才?

改变命运唯一的策略是你要变成终身学习者。未来世界将不再需要单一的技能型人才，而是需要具备完善的知识结构、极强逻辑思考力和高感知力的复合型人才。优秀的人往往通过阅读建立足够强大的抽象思维能力，获得异于众人的思考和整合能力。未来，将属于终身学习者！而阅读必定和终身学习形影不离。

很多人读书，追求的是干货，寻求的是立刻行之有效的解决方案。其实这是一种留在舒适区的阅读方法。在这个充满不确定性的年代，答案不会简单地出现在书里，因为生活根本就没有标准确切的答案，你也不能期望过去的经验能解决未来的问题。

湛庐阅读App：与最聪明的人共同进化

有人常常把成本支出的焦点放在书价上，把读完一本书当作阅读的终结。其实不然。

时间是读者付出的最大阅读成本

怎么读是读者面临的最大阅读障碍

“读书破万卷”不仅仅在“万”，更重要的是在“破”！

现在，我们构建了全新的“湛庐阅读”App。它将成为你“破万卷”的新居所。在这里：

- 不用考虑读什么，你可以便捷找到纸书、有声书和各种声音产品；
- 你可以学会怎么读，你将发现集泛读、通读、精读于一体的阅读解决方案；
- 你会与作者、译者、专家、推荐人和阅读教练相遇，他们是优质思想的发源地；
- 你会与优秀的读者和终身学习者为伍，他们对阅读和学习有着持久的热情和源源不绝的内驱力。

从单一到复合，从知道到精通，从理解到创造，湛庐希望建立一个“与最聪明的人共同进化”的社区，成为人类先进思想交汇的聚集地，与你共同迎接未来。

与此同时，我们希望能够重新定义你的学习场景，让你随时随地收获有内容、有价值的思想，通过阅读实现终身学习。这是我们的使命和价值。

湛庐阅读App玩转指南

湛庐阅读App结构图：

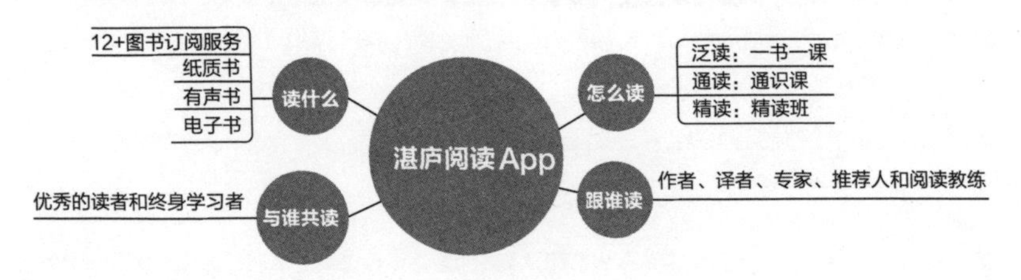

三步玩转湛庐阅读App：

App获取方式：
安卓用户前往各大应用市场、苹果用户前往 App Store
直接下载“湛庐阅读”App，与最聪明的人共同进化！

使用App扫一扫功能，遇见书里书外更大的世界！

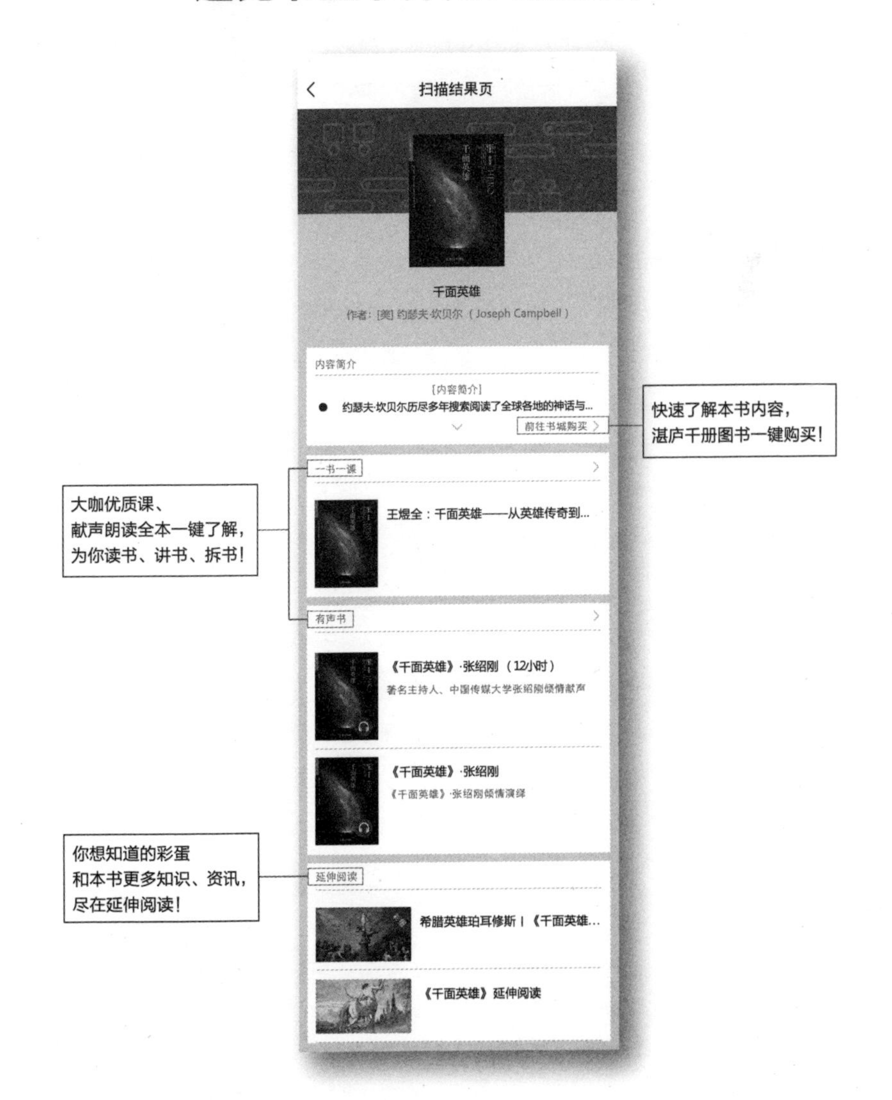

湛庐CHEERS

延伸阅读

《六个数》

◎ 物理学家马丁·里斯讲述物理世界的惊人巧合——塑造宇宙命运的六个神奇数字。金力、陈劲、丹尼尔·丹尼特鼎力推荐！

《宇宙的最后三分钟》

◎ 著名物理学家保罗·戴维斯经典之作，带你破解宇宙终结之谜！宇宙最终的命运是什么？是以爆炸、逐渐衰败的形式终其一生还是永久消失？金力、陈劲、丹尼尔·丹尼特鼎力推荐！

《宇宙的起源》

◎ 权威天体物理学家约翰·巴罗经典之作，为你揭晓宇宙起源之谜！一本人人读得懂的宇宙学科普读物！金力、陈劲、丹尼尔·丹尼特鼎力推荐！

《基因之河》

◎ 继《自私的基因》之后，理查德·道金斯的又一经典名作！基因从何而来？它又将走向何方？仇子龙、金力、陈劲、丹尼尔·丹尼特鼎力推荐！